"思想文化与社会发展研究"丛书

适者永存:
华莱士的"灵学"进化论

刘利 著

中国社会科学出版社

图书在版编目(CIP)数据

适者永存：华莱士的"灵学"进化论 / 刘利著 . —北京：中国社会科学出版社，2017.5
ISBN 978-7-5203-1025-3

Ⅰ.①适⋯ Ⅱ.①刘⋯ Ⅲ.①进化学说—研究 Ⅳ.①B561.59

中国版本图书馆 CIP 数据核字（2017）第 231877 号

出 版 人	赵剑英
责任编辑	朱华彬
责任校对	胡新芳
责任印制	张雪娇

出　　版	中国社会科学出版社
社　　址	北京鼓楼西大街甲 158 号
邮　　编	100720
网　　址	http：//www.csspw.cn
发 行 部	010-84083685
门 市 部	010-84029450
经　　销	新华书店及其他书店
印　　刷	北京君升印刷有限公司
装　　订	廊坊市广阳区广增装订厂
版　　次	2017 年 5 月第 1 版
印　　次	2017 年 5 月第 1 次印刷
开　　本	710×1000　1/16
印　　张	14.5
插　　页	2
字　　数	192 千字
定　　价	68.00 元

凡购买中国社会科学出版社图书，如有质量问题请与本社营销中心联系调换
电话：010-84083683
版权所有　侵权必究

《思想文化与社会发展研究》丛书
编辑委员会

主　编：郑文堂
副主编：张加才
编　委：(以姓氏笔画为序)

王文革　王包泉　王秋月　王洁敏　王洪波　王润稼
王鸿博　史仲文　曲　辉　朱建平　刘志洪　刘　利
刘喜珍　李亚宁　李志强　李　肖　何海兵　张茂林
张治银　范丹卉　林建华　周守高　荣　鑫　姚彩琴
秦志勇　袁本文　钱昌照　龚维华　尉　峰　谢毓洁

总　序

学以成人　经世致用

人类进入 21 世纪以来，伴随现代科技的快速发展，"可上九天揽月、可下五洋捉鳖"的宏愿，早已成为现实。特别是随着基因技术和人工智能的发展与运用，人类比历史上任何时候似乎更具有"认识你自己"的外在条件。然而，物质生活的日益富庶与精神修养的相对贫瘠、社会生活的无限扩张与人和自然关系的持续紧张、民族国家利益本位潮流的涌现与人类命运共同体构建的艰辛……都预示着哲学社会科学研究任重道远。实际上，人类社会与人类文明的重大跃迁，都离不开哲学社会科学的重要发展。"学以成人、经世致用"，今天仍然是哲学社会科学工作者的重要使命。

"学以成人"，是一个具有鲜明中国特色的命题，按照主流的解释，就是如何在为学的过程中成就人自身。这个问题延展开来，无疑具有普适的意义。人类如何发现自身的价值、定位自身的意义、成就人自身？应该成就为什么样的人？成为"圣人""神人""至人"，抑或君子、绅士、公民？如何界定好一个时代的理想人格？人类如何"知人"？如何"成己""成物"？如何处理"知人"与"成人"的关系？中国传统上强调"为己之学""闻道""得道"，意思是为学的根本在于不断充实自我、提升自我，而不是"为人"，不是为了炫示于人、压服他人。这就需要"知道""成道"与"行道"。那么，"为道"与"为学"又是什么关系？它们各自有不同的进路吗？是"为学日益、为道日损"，还是下学上达、豁然贯通？……无论如何，从追寻人之为人的原初本质到实现人的自由而全面的发展，哲学社会科学有很长的路要走，并且只可能永远在路上。

成就人自身与促进社会发展，往往紧密联系在一起。"学以成人"也应与"经世致用"相辅相成。

"经世致用"是中国历史上一种重要的思潮，也是一种可贵的学风。它推崇学术的重要功能在于经邦济世、兴国利民。强调"求实""博征"，要求"经世要务，一一讲求"，认为"君子有志当世"，尤应"以天下为己任"，甚至提出"舍天下事更无所为""文章莫尚乎经济"，这些都是"经世致用"的重要表达。当代中国哲学社会科学工作者"经世致用"，就是要以人民为中心，立足当代社会的生动实践，把握好具有良好发展增量性的先进文化资源、弥足珍贵的原生本根性的中华优秀传统文化资源以及有益滋养性的国外哲学社会科学资源，实现古今中外各种资源的相资融通，致思于人民的美好生活，为科学地治国理政服务，为中华民族伟大复兴尽力，为人类共同的美好未来作出贡献。

这套《思想文化与社会发展研究》丛书，正是对"学以成人、经世致用"的一种尝试。祈望对构建具有中国特色、中国风格、中国气派的当代中国哲学社会科学，对推动转型时期中国社会发展，作出有益探索和绵薄贡献。

郑文堂

2015 年 11 月

目　录

前言　研究基础 ·· （ 1 ）
　　华莱士在中国 ·· （ 2 ）
　　国际华莱士研究概况 ··· （ 19 ）
第一章　进化思想史背景 ··· （ 33 ）
　　第一节　达尔文主义的困境 ································· （ 34 ）
　　第二节　"非达尔文革命" ···································· （ 42 ）
　　第三节　现代唯灵论运动 ···································· （ 49 ）
第二章　华莱士的"进化"之路 ··································· （ 54 ）
　　第一节　思想启蒙与早期博物学研究 ····················· （ 55 ）
　　第二节　发现自然选择 ······································ （ 63 ）
　　第三节　华莱士事件 ·· （ 75 ）
　　第四节　"达尔文主义者"的两难 ··························· （ 84 ）
第三章　进化论与唯灵论的综合 ································· （ 93 ）
　　第一节　接受唯灵论 ·· （ 94 ）
　　第二节　《倾向》中的自然选择 ··························· （ 99 ）
　　第三节　拟态与性选择 ······································ （108）
　　第四节　生育隔离的自然选择起源 ······················· （118）
　　第五节　人类进化问题 ····································· （125）
第四章　"人"进化为"灵" ·· （135）

第一节 "书评"中的自然选择 …………………… (137)
第二节 高级精神能力的进化 …………………… (147)
第三节 超级智能 ………………………………… (155)
第四节 进化的目的 ……………………………… (162)

第五章 灵学进化论的社会哲学后果 ……………… (171)
第一节 土地国有化问题 ………………………… (172)
第二节 女性主义优生学 ………………………… (180)
第三节 反对牛痘接种 …………………………… (189)

结　语 ……………………………………………… (198)
参考文献 …………………………………………… (207)
后　记 ……………………………………………… (220)

前言　研究基础

英国博物学家阿尔弗雷德·拉塞尔·华莱士（Alfred Russel Wallace，1823—1913）是现代进化生物学的奠基人之一。作为科学史上自然选择原理的"独立发现者"，华莱士在达尔文耀眼的光芒里若隐若现。令人感到惊奇的是，他一边担当达尔文的"骑士"，坚定捍卫达尔文主义，一边却将进化论（evolutionism）与唯灵论（spiritualism）综合起来。在自然选择原理的基石上，科学进化论竟然变成了"灵学"进化论。在达尔文革命的浪潮之中，科学与宗教（自然主义与神秘主义）发生了这样一次独特的"接触"。

本书将论及此种灵学进化论的形成原因、思想脉络及其社会哲学后果。随后章节将于进化思想史背景之中勾勒出华莱士成长为博物学家—进化论者、触发科学革命、转向唯灵论以及运用其学说对诸种社会议题发挥影响力的思想轨迹，着重梳理进化论与唯灵论在他手中合二为一的理论细节，并揭示出他"不得不如此"的观念动力与逻辑机制。

为使书中的讨论更为有效，在将考察焦点对准华莱士本人之前，有必要先对国内外相关研究的既有基础做一番了解。

华莱士在中国

华莱士的名字对于中国学界来说其实并不陌生。早在清末民初，就有他的专著译本在西学东渐的浪潮中传入中国。伴随着《自然辩证法》在新中国的通行，误入"神灵世界"的自然科学家华莱士成为恩格斯笔下著名的反面教材，并曾在自然辩证法研究界引起比较广泛的讨论。作为自然选择的"共同发现者"及点燃达尔文革命导火线的人，华莱士在科技读者中也有一定的知名度。但国内关于他的专题研究还不够系统，他在科学、灵学、社会评论等方面有代表性的著作基本上都没有完善的中译本，国外华莱士专家的研究成果也鲜有引介。与达尔文（Charles Darwin）相比，华莱士在中国得到的关注还相当不够，偶尔出现的关于他的介绍性文字，与他在漫长一生中涉足诸多领域、留下大量著作的现实情况很不相称。不仅如此，在达尔文革命中围绕达尔文周围的其他关键性人物，如钱伯斯（Robert Chambers）、赫胥黎（Thomas Huxley）、海克尔（Ernst Haeckel）等人的专题研究也相当有限。这可能在一定程度上反映了中文世界对进化论的理解还停留在以达尔文为主线的初级阐释阶段，处于国际"达尔文产业"的一个边缘地带。

华莱士原始文献的引进与传播在我国大致经历了三个不同的时期：清末民初的早期，"文革"前后的中期以及20世纪八九十年代以来的近期。

（一）早期：清末民初

1904年，也就是"光绪甲辰年"的五月，刚刚成立的山西大学堂译书院印出了华莱士1898年《奇妙的世纪》（*The Wonderful Century*; *Its Successes and Its Failures*）一书的中文版节译本，译名为《十九周新学史》，译者不详，由上海基督教与常识传播学会出版。华莱士原书分为两个部分：第一部分为"成功"，回顾了19世纪欧洲科学技术在器物层面的蓬勃发展；第二部分为"失败"，对物质文明繁荣昌盛的背后欧洲社会在精神层面的没落做出了批判，其中特别指出了颅相学（phrenology）受到忽视、催眠术（hypnotism）与心灵研究（psychical research）招致反对，而接种疫苗这种"错觉"与"罪行"却广为推行的社会"不公正"倾向与军国主义、贪婪掠夺一样是对人类文明的诅咒。《十九周新学史》只译出了"成功"这一部分，而略去了"失败"的部分，可以说是删减掉了华莱士笔锋的重心所在。但在当时救亡图存的形势下，这样的译本对于国人更具有"开眼看世界"之功效——先了解西方先进的科技成果，"师夷长技以自强"，而暂且罔顾下一阶段可能面临的复杂问题，并非难以理解。全书附有一篇很短的"华丽士传略"，简单介绍了"华丽士"的生平，主要评价了他发现自然选择原理的贡献：

> 氏生于一八二二年，为英之孟冒县人，初为工程测量师，于一八四五年，肄业生物学校，考察阿玛森河上源，于马来群岛，探采动物者八年，其时氏尚未知达尔文发明物种由来之说，氏已考获天择之理，但

未用天择字义耳。① （清末民初文献的引文原文为繁体，标点亦为引者按现代阅读习惯所添加，下同）

"传略"还分类列出了华莱士的几种代表作，对于他在1875年出版的灵学专著《奇迹与现代唯灵论》（Miracles and Modern Spiritualism. Three Essays），也略有提及：

> 氏著作甚富，关于地理者，有阿玛森河尼格鲁河游记、马来群岛考、澳大利西亚考，于生植物，则著有阿玛森枣树考、地球各带生物论、热带生植物考、海岛生植物考，外有天择理论、达尔文论辩，复有新奇之事与近世神学说，是书所持说，为诸格致家所不逮。②

其中所谓"新奇之事与近世神学说"即为此书，传略作者对它的评价是正面的。可以看出，当时国人对华莱士主要科学贡献的把握还是准确的，而对于他的唯灵论倾向，也持一种包容甚至是敬仰的态度。但这种最初的引介工作是粗糙的，译本中不乏常识性错误，例如"生于一八二二年"应为生于1823年，"肄业生物学校"，应为肄业拉丁学校，"阿玛森枣树考"应为《亚马逊的棕榈树及其用途》，作为基本资料是不够精确的。

民国期间，又有三种华莱士著作中译本问世，其中包括1910年《生命的世界》（*The World of Life: A Manifesta-*

---

① ［英］华丽士：《十九周新学史》，上海基督教与常识传播学会版，上海华美书局摆印，山西大学堂译书院印，1904年，第1页。

② 同上。

tion of Creative Power, Directive Mind and Ultimate Purpose）的两个译本，以及1869年问世的《马来群岛》（*The Malay Archipelago: The Land of the Orang-utan and the Bird of Paradise; A Narrative of Travel With Studies of Man and Nature*）的第一个汉译本。从《生命的世界》副标题"创造性力量、指导意志与终极目的的展现"中就可以看出，这是一部具有神学色彩的著作。实际上，华莱士在该书中将唯灵论观念全面推广至对生物进化历程的整体把握，将宇宙理解成一个本质上是"生命活力"运动发展着的有机整体，从而实现了"自然选择"与目的论在进化理论中的兼容。这一点在当时西学东渐中日趋式微的传统儒家学者看来，是颇值得认同的。

《生命的世界》第一个中译本译作《生命世界》，1913年由上海广学会及基督教文学会出版，上海商务印书馆代印，作者译作"华丽士"，全书由英国人莫安仁（E. Morgan）口译。此书附录曾任山西巡抚的教育家丁宝铨的序言，对于今天人们了解这一时期国人接受华莱士思想乃至一般西方思想的情况是极有价值的参考资料。序言中的观点体现出中西碰撞、思潮激荡的年代里中国儒家学者看待华莱士灵学进化论的大体态度，本前言将其全文摘录如下：

生命世界序

万物之生生化化，皆有天焉，以宰乎其中。西儒中儒，立论虽殊，理则一也。吾中国向无生理学专书，其散见于古籍者，《诗》与《尔雅》，撷采尤繁，然大都罗列其名，而不能通其繁育之故。《山海经》

为拾遗博物洞冥述异各书之祖，其于宇宙山川之神禽怪兽，灵气游魂，铺张恢诡极矣，然其言多阂诞不经。独庄周所著书，于野马尘埃，蟪蛄朝菌以及青宁程马之生，鱼之传沫，虸鹉之风化，其于化化生生之理，一再及之。然亦寓言十九，凡所谓道在蝼蚁、道在秕稗、道在瓦甓者，大抵荒唐之词，未可据以为典要也。西儒生理学则不然，凡有生机而无知觉运动者，均谓之植物，区其类则有园艺、野生、浆果、壳果之不同。凡有生机而能知觉运动者，均谓之动物，区其类则有脊骨部、圈节部、柔体部、肖植物部之不同。千九百九年，英伦博物院调查而列为表，世界植物，得十三万六千余种，世界动物得六十六万五千余种。以视吾中国旧说，强分毛羽鳞介倮，各为三百六十属以附会周天之度数者，其疏密不可同日而语矣。顾同一生理学，而其学说又分为格致、宗教两家。格致家之言曰：生命之初，殆由气水等所融化之质，组织而成一机关，其组织即系生命之本能，虽有变更，仍然完固，故其物由幼而壮而老而死，卒乃耗散而仍化为万物之原质，仍复生物以传其种，以永衍于无穷。宗教家之言曰：惟生命能组织机体，故先有生命后有机体，先有具大能力大神灵之造化，以操生命之原，而后有机之物，得以由生殖而遗传，由遗传而变化。于是乎两家之说，互相抵触而靡所折衷。英国华丽士者，以宗教而兼格致家也，其所著《生命世界》一书，则谓物类之生殖力、遗传力、教化力，皆属宇宙间赜奥之理，彼格致家谓细胞微点中，有自然发生之灵魂意志在，余非谓细胞微点中，无灵魂意志也，唯于细胞微点外，尚别有充塞两间发育万物之灵魂意志，贯彻其中。此其灵魂意志，磅礴无垠，能使万物自无而有，自简而繁，自下级而高级，以成庄严完美之世界，恶得以生物之本能者概之？此书一出，学者翕然无异词，虽赫胥黎、斯宾塞、达尔文复起不能易其说也。莫安仁、许默斋二君译述其义既竟，督序于余。余于格致之学研究不深，于宗教少所心得，然窃尝证以六经之义，与通儒之说。如易所称天地氤氲，万物化生；礼所称天地之道，为物不贰，故其生物不测；宋周子所称二气交感，化生万物，万物生生而变化无穷……非即所谓细胞微点中，有自然发生之灵魂意志也乎？非即所谓灵魂意志，磅礴无垠，能造成庄严完美之世界也乎？然则是书既出，而生命无限，世界无限，灵魂意志亦无限。此理且满储于无限之天空，而永永未有已也，岂不懿哉！山阳丁宝铨[①]

丁宝铨对中西博物学差异的理解是准确的，在肯定了西学相对于国学的优越性——"其疏密不可同日而语矣"之后，他依旧透过儒家世界观看待华莱士"灵学进化论"对科学与神学的折中，并且同样给予了它相当高的正面评价。在他看来，华莱士的进化论不仅胜过中国古代零散、主观的生物学研究一等，其对"格致"与"宗教"两家对立状况的调和更是克服了西学内部一分为二、"互相抵触而靡所折衷"的弊端，以至于在这一点上甚至超越了达尔

---

① [英]华丽士：《生命世界》，上海广学会及基督教文学会版，上海商务印书馆代印，1913年，第113页。

文等人的进化学说。他所谓的"此书一出，学者翕然无异词，虽赫胥黎、斯宾塞、达尔文复起不能易其说也"，当然是有些夸大其词，当是出于通读译文之后的主观臆断，但他笔下的周敦颐—华莱士自然观之比较，确实是有几分道理的。丁宝铨的序言体现出当时知识界在吸收外来文化的过程中，对于西方科学文化的前沿走向仍然是缺乏了解的，以至于对掺杂到科学思想中的伪科学因素不能有效分辨，反而倾向于依照传统非科学的文化标准做出同情式的理解。

1924年版《生命的世界》中译本译作《生物之世界》，作为"尚志学会丛书"之一种，由上海商务印书馆发行，作者译作"洼勒斯"，全书分为上下两册，并附有"小传"。小传中没有提到华莱士涉足灵学的内容，只称赞了他自学成才的奋斗精神：

> 顾氏之为人，坚忍刻苦，好学不倦，卒能与四围之境遇战，而自成其学业，卓然为一进化论家，而得与达尔文氏并称焉。其博大名于天下者，非偶然已。①

以及他在发现自然选择的优先权问题上表现出来的高尚品格：

> 博士之人格，高洁伟大，亦可与达氏并称。当其发见自然淘汰法则，固未尝蹈袭达尔文氏学说，而为

---

① ［英］洼勒斯：《生物之世界》，"尚志学会丛书"，上海商务印书馆1924年版，第1页。

独自见到者,然博士不以此自矜其知,而以发见此理之名,奉诸达氏。就此一端,足征氏之让德,其人格为不可及矣。①

这篇小传对华莱士与达尔文共同发现自然选择一事做了比较完整的简述,但总体而言信息量不大。对于华莱士1858年急就的论文《论变种无限远离原种的倾向》手稿,说成是他"潜心穷研,积累年岁,乃著有名之'自然淘汰说'一书,既脱稿,送之达尔文氏,乞正定,并为绍介",应为当时一种以讹传讹的流行说法。

1933年,吕金录译出华莱士的游记名著《马来群岛》,译名为《马来群岛游记》,1935年收入上海商务印书馆的"万有文库"丛书。在序言中,译者比较了华莱士与达尔文在人类进化与性选择(sexual selection)问题上的观点分歧,也提到他从事不受科学界欢迎的灵学活动的勇气以及涉足政治问题的充沛精力。与前几种译本相比,吕金录对华莱士的生平与学说内容都有了更全面、更准确的掌握,但他对于华莱士思想中灵学与科学以及政治社会问题之间的关系似乎还是没有过多思考。这部著作也不是华莱士在进化论方面的代表作品,而只是一部涉及博物学、生物地理学、种族人类学等方面内容丰富并广为畅销的考察旅行记,华莱士在书中回忆1858年的热带探险经历时甚至并没有提到发现自然选择的事情。

总的说来,在这一时期,华莱士已经作为西方科学家

---

① [英]洼勒斯:《生物之世界》,"尚志学会丛书",上海商务印书馆1924年版,第2页。

的一名代表被介绍到中国来，他的作品被零星引进，但总体的译制质量似乎有限。此时华莱士更多的只是一个科普意义上的符号，文化界及一般读者对他的进化思想体系尚缺少细节性的把握。

（二）中期："文革"时期

20世纪30年代以后的中国战火纷飞，华莱士一度被人遗忘。直到50年代，大局初定，恩格斯的《自然辩证法》使华莱士再次回到国内学者的视野中。在《自然辩证法》涉及科学中经验与理论方法的关系时，恩格斯以华莱士为例说明了自然辩证法理论在指导科学工作方面的重大意义。他认为，正是因为缺乏辩证思维、盲目使用培根的经验主义方法，华莱士本来已经通过实践得出了唯物主义的重要真理，却对降神术的欺骗信以为真，重新陷入神灵的世界里去了。[①] 与世纪之初不同，这一次华莱士是以一种毁誉参半的形象出现的：一方面，因为与达尔文同时提出以自然选择原理为基础的进化理论，他依然是"功勋卓著的动物学家兼植物学家"；另一方面，因为"不可救药地迷恋于从美国输入的招魂术和降神术"，他成为"幻想、轻信和迷信的极端表现"以及"一味吹捧经验、极端蔑视思维而实际上思想极度贫乏的"英国培根学派的首席代表。在此时的中国，对于他的唯灵论思想，前清遗老式的同情已经不复存在了。恩格斯的观点虽没有引起国际华莱士研究界的重视，但在中国却影响深远。为了阐发恩格斯

[①] 《马克思恩格斯选集》第4卷，中共中央马克思恩格斯列宁斯大林著作编译局编译，人民出版社1995年版，第290—302页。

的思想，1975年上海外国自然科学哲学著作编译组专门编译了一本《华莱士著作选》，由全增嘏等以批判外国学术权威为任务的国内名家精心选译了一些华莱士有代表性的著作片段，其中大部分是目前仅有的华莱士原著中译文，具有一定的文献史料价值。

该选集收录的内容主要来自华莱士《奇妙的世纪》，《自然选择理论文集》（Contributions to the Theory of Natural Selection. A Series of Essays, 1870），《动物的地理分布》（The Geographical Distribution of Animals; With A Study of the Relations of Living and Extinct Faunas as Elucidating the Past Changes of the Earth's Surface, 1876），《马来群岛》，《土地国有化》（Land Nationalisation; Its Necessity and Its Aims; Being a Comparison of the System of Landlord and Tenant With That of Occupying Ownership in Their Influence on the Well-being of the People, 1882），《我的一生》（My Life: A Record of Events and Opinions, 1905）以及《生命的世界》七部著作。选集虽然只是薄薄的一个小册子，但涉及内容非常广，包括华莱士的生物进化学说、生物地理学说、生物本能问题、土地国有化问题、种族问题、19世纪科学发展的得与失以及对华莱士"从自然科学唯物主义滑到神秘主义"的分析。其中选自《自然选择理论文集》的华莱士1855年、1858年两篇早期论文《制约新物种出现的规律》与《论变种无限远离原种的倾向》（"On the Law Which Has Regulated the Introduction of New Species"与"On the Tendency of Varieties to Depart Indefinitely from the Original Type"，以下简称《规律》与《倾向》）具有较高的科学参考价值，对于中文研究者了解华莱士自然选择理论的原

貌是必不可少的一手文献。

选集的前言是一篇没有署名的短文《论华莱士》，堪称这一时期国内华莱士研究最权威的二手材料，书后附录"华莱士简历和主要著作年表"，内容基本准确，是当时为止国内最翔实的华莱士年表。《论华莱士》肯定了华莱士在科学史上的贡献，也看到了他信奉的唯灵论是对正统科学路线的背离。但无论是肯定的方面还是批评的方面，都只是以华莱士作为论据来为恩格斯的论点服务，而并没有借鉴其他二手文献对华莱士本人的思路做独立的梳理。例如，对于"华莱士事件"，文中并未考虑华莱士与达尔文观念的差异性，而只是指出二人共同发现自然选择的事实，并将之归因为历史发展的必然性：

> 生物进化论，是十九世纪自然科学的三个伟大发现之一，它是和杰出的英国生物学家达尔文的名字分不开的；过去，人们往往把它完全归功于达尔文的个人成就。但是，翻开这一段科学史，我们会发现，生物进化论的出现并不是偶然的，而是水到渠成、瓜熟蒂落的结果，是社会生产实践和生物学研究发展的必然产物。十九世纪还有一位英国生物学家与达尔文不谋而合地同时提出以自然选择为基础的进化理论，这个人就是阿尔弗勒德·拉塞尔·华莱士（1823—1913）。……近代生物进化理论的完成，不由达尔文，便由华莱士；没有他们两个，也会有其他的人。①

---

① ［英］阿尔弗勒德·拉塞尔·华莱士：《华莱士著作选》，上海外国自然科学哲学著作编译组编译，上海人民出版社1975年版，第I—V页。

实际上就在 20 世纪六七十年代，国外学者们所热衷探讨的正是华莱士与达尔文的观点异同、相互影响以及华莱士是否有可能在没有达尔文的情况下独自推动进化论革命等问题，但我国学界当时还没有条件接触、消化以至于有效运用这些研究成果。对于华莱士之所以做出如此重要的贡献，《论华莱士》的作者认为：

> 华莱士在观察研究自然界时是一位唯物主义者。他尊重经验事实，强调直觉现象。他根据观测资料认识到"地球表面的任何地方"、一切生物的"形式、组织和习性"都处在"缓慢的变化之中"，现时动物的地理分布是"过去有机界和无机界变化的结果"，等等，因此，他的进化论和解释动物在不同地理区域分布的"华莱士线"等，就不自觉地把上帝、造物主逐出了生物科学的研究领域。①

然而华莱士对传统上帝、造物主观念的否定并不是不自觉的。早在通过阅读钱伯斯《创世的自然史遗迹》(*Vestiges of The Natural History of Creation*，以下简称《遗迹》)接受进化论而远离特创论之前，他就在反教会的思想家如小欧文（Robert Dale Owen）、潘恩（Thomas Paine）等人著作的影响下对传统信仰产生怀疑，并渐渐疏离了自己家族的英国国教背景。这些基本事实只要通读他的自传《我的一生》就能够了解。关于华莱士转向唯灵论的"失

---

① [英]阿尔弗勒德·拉塞尔·华莱士：《华莱士著作选》，上海外国自然科学哲学著作编译组编译，上海人民出版社 1975 年版，第 II 页。

误",是《论华莱士》强调的重点,作者对此评论道:

> 华莱士正是在解决意识的本质问题上更深地滑入了唯灵论。他不懂得人的意识本质上是社会意识,"意识一开始就是社会的产物",只能从变革自然界的劳动和社会实践中去认识意识的产生和发展,人的思维不可能单纯用某种自然科学的实验来验证。可是,狭隘的经验论使他只相信自己看到的、听到的、经验到的东西,于是,他对"桌子跳舞"等降神术实验便信以为真,迷而忘返:成了"神媒"们的俘虏,对神灵世界心向往之,结果"他的另一只脚也跟着踏进去了"。①

应该说,这样的分析大致上还是正确的,华莱士确实轻信了灵媒在降神会(séance)中制造出种种奇异现象的真实性,对于本质上属于魔术表演的降神手法与真正的科学实验之间不能有效地加以区分,以致对伪科学信以为真而对唯灵论寄予了太高的期望。但是问题在于,华莱士信奉灵学并不是一味着眼于经验层面,他在真正接受唯灵论之前对灵学家的理论也做过一番研究,他的"实践"因此也是在理论的指导之下展开的,当然他依靠的理论可能过于虚幻。除此之外,华莱士本人的自然哲学观念也可以看作他参与灵学活动的理论基础,《论华莱士》中也提到了这一点:

---

① [英]阿尔弗勒德·拉塞尔·华莱士:《华莱士著作选》,上海外国自然科学哲学著作编译组编译,上海人民出版社1975年版,第Ⅵ—Ⅶ页。

科学和神学、理性和神灵在华莱士身上交织着。他承认精神活动离不开脑和神经纤维,可是他又说一定要有一种力,就象射击时扣扳机似的使脑细胞活动起来才能产生意识。这种力是物质世界以外的根本的力——意志力。他认为"空间中到处都有智慧和意志的力的表现",而整个宇宙就是"这种超越一切的智慧或高级智慧的意志"。这就是说,意志力等于宇宙的一切,意志力也就成了上帝的代名词。到了晚年,华莱士一方面承认,一切物种都来自单个细胞,这个细胞经过分裂而形成具有不同功能和形态的物种;可是另一方面他又提出,这里需要有一种"非物质""非机械"的心灵和力量作为"动因"。动因是什么?他说是介于"凡人和上帝之间"的"天使"。天使有高低大小之别,在上帝的差遣下,不同等级的天使分头创造出"以太""物质""力量""星球"一直到有智慧的人类。一句话,上帝创造了一切。华莱士自诩在科学和神学之间架起了一座"桥梁",作出了"沟通天人两界"的丰功伟绩。这样,早年被他不自觉地逐出的上帝,现在又被他诚惶诚恐地请了回来。这是华莱士从经验论走向唯灵论的必然归宿。[①]

短文作者的这段论述基本勾勒出华莱士自然哲学的轮廓。可以看到,在自然辩证法的科学唯物主义视野下,"沟通天人两界"这样乔装改扮的神学教条是没有容身之

[①] [英]阿尔弗勒德·拉塞尔·华莱士:《华莱士著作选》,上海外国自然科学哲学著作编译组编译,上海人民出版社1975年版,第VII—VIII页。

处的，华莱士代表科学家向宗教家妥协不仅罪名成立，而且很难再得到宽容。这样明确的判断在逻辑上没有问题，但有可能使思路过于简化，以至于过滤掉华莱士"错误"理论背后某些有价值的东西或者有意义的历史信息。本书观点正是以此着眼，首先肯定华莱士有其首尾一贯而独特的理论架构，这种架构也许已经成为历史陈迹，但说明它出现的合理性，至少可以为审视科学进化论的发展脉络提供一个可靠的角度。

（三）近期：改革开放以来

随着"文革"结束，《华莱士著作选》也尘封在历史之中。踏着改革开放新征程的脚步，国内重现文化繁荣的良好局面，科技哲学与科学史界也迎来百花盛开的春天，华莱士的科学贡献又引起学者的重视。八九十年代以来，以华莱士为题的文章时而现诸报刊，《马来群岛》又推出了一个全新的汉译本，西方生物学史与生物学哲学著作的引进也使华莱士的形象渐渐清晰。即使还不够系统，但客观性的视角以及基础性的研究平台已经形成。

80年代出现了汉译西方名著的热潮，许多国外名家的生平、贡献也通过学术性的人物评传被介绍过来。1986年，《自然杂志》发表了张之沧的《试论华莱士在形成生物进化论中的地位》，这是一篇来自科技哲学专业人士之手的为数不多的华莱士专题文章。文章没有标注参考文献出处，也有一些常识性错误，例如宣称："1854年，华莱士与贝茨又长途跋涉，去马来群岛开始了第二次更大规模的长期探险活动。"其实贝茨（Henry Walter Bates）在亚马逊探险之初就与华莱士分开了，此后并没有同去马来群岛。但这篇文章的信息量还是比较大的,它提到钱伯斯对华莱士接受进化论的影响,描述了他的两次出海考察,并逐一讨论到代表他科学成就的两篇论文与八部专著。文章作者一方面将华莱士刻画为伟大的科学家,他"与达尔文不谋而合地几乎同时提出了以自然选择原理为基础的生物进化学说",基本上沿袭了《华莱士著作选》的说法,而另一方面对华莱士涉足灵学以及唯灵论对他的进化学说产生影响的情况则完全没有提及。① 因此尽管这篇文章的内容相对丰富,但它呈现出来的华莱士仍然是一个经过人为切割的片段,与其说代表了一种新的研究方向,不如说还只是在增添材料的基础上对旧式研究进行了表面的翻新。

1985年,台湾学者王道还在小品文《天择理论》中,以古尔德(Stephen Jay Gould)1980年的论文《华莱士的致命缺陷》("Wallace's Fatal Flaw")为依据,专门探讨了为什么华莱士"永远只是个名字,而不是个'人物'",并指出华莱士与达尔文在看待自然选择理论上的重大分歧,在学术视野上超过了当时大陆学界的同类文章。② 但对于华莱士的唯灵论思想,也只是一笔带过。进入21世纪之后,国外的华莱士研究有所升温,王道还又在《华莱士与达尔文》一文中将英美学界最新推出的四部华莱士研究专著介绍到中文世界。③ 在王道还2006年《达尔文的月亮》④ 以及方舟子2008年《达尔文—华莱士之让》⑤ 两篇

---

① 张之沧:《试论华莱士在形成生物进化论中的地位》,《自然杂志》1986年第9期。
② 王道还:《天择理论》,《科学月刊》1985年第4期。
③ 王道还:《华莱士与达尔文》,《科学发展》2009年第12期。
④ 王道还:《达尔文的月亮》,《飞碟探索》2006年第12期。
⑤ 方舟子:《达尔文—华莱士之让》,《教师博览》2008年第07期。

文章中，作者分别讨论了达尔文与华莱士发现自然选择原理的优先权问题，并谈论两人在科学史上的关系，其科普意义值得肯定。

2004年，中国人民大学出版社在20世纪30年代吕金录译本的基础上重译了《马来群岛》，译者为彭珍与袁伟亮等19个人，标题译为《马来群岛自然科学考察记》。此译本不仅保留了华莱士原著的插图与附录，还附有详尽的内容索引，在大众科学读物中堪称精美。全书末尾的"华莱士生平大事记"比《华莱士著作选》中的"华莱士简历和主要著作年表"更为完整，但实际上这个年表乃是原封不动地翻译自史密斯（Charles H. Smith）创办的华莱士网站——"阿尔弗雷德·拉塞尔·华莱士主页"（"The Alfred Russel Wallace Page"）上的"华莱士生平大事年表"（"Chronology of the Main Events in Wallace's Life"），且其中的错译不少。[1]

如上所述，科学编史学意义上的华莱士研究（如果说翻译引进以及大众传播也算是研究的一个层次的话）在我国已有所开展，但尚待完善。从前研究的问题所在，也许除了视野与资料的时代局限性以外，主要在于没有形成一种清晰的问题意识，或说一种便于深入讨论问题的逻辑链条。然而随着以英美学者为代表的进化论研究的进展，华莱士专题已逐渐成为专业共同体内部的一门"显学"，在互联网络以及移动互联网络日益发达、中外文化交流日益频繁的优越条件下，中文学者与世界接轨，以严肃而深刻

---

[1] ［英］阿尔弗莱德·拉塞尔·华莱士：《马来群岛自然科学考察记》，彭珍、袁伟亮等译，中国人民大学出版社2004年版，第585—588页。

的态度把握问题、理解华莱士并以此理解达尔文革命及至整个科学文化的时机已经成熟。

国际华莱士研究概况

国外的华莱士研究主要集中在英美，如今已有一定规模。在达尔文主义走出"日食"状态、生物学以此实现现代综合以及达尔文产业兴起的历史变迁中，华莱士经历了一个消隐后又被重新发现的过程。在此期间学界渐渐将华莱士从与达尔文的"捆绑式研究"模式中解脱出来，将其进化思想作为一个完整的体系给予澄清，并从科学、历史、社会各个层面加以阐释。华莱士作为维多利亚时代特立独行的思想家而非仅仅是科学家的复杂形象被逐渐还原。

原始资料是研究的基础。1916年，最早的华莱士研究者马钱特（Sir James Marchant）即着手整理华莱士留下的零散信件，编成两卷本的《阿尔弗雷德·拉塞尔·华莱士：通信及回忆录》（*Alfred Russel Wallace*; *Letters and Reminiscences*），发表了包括华莱士与达尔文在发现自然选择原理及共同捍卫自然选择学说期间的重要通信，成为此后研究者的必备文献。1918年出现过一部大众读物《阿尔弗雷德·拉塞尔·华莱士：一位伟大发现者的故事》（*Alfred Russel Wallace, The Story of a Great Discoverer*，作者为Lancelot T. Hogben），但此后相关研究沉寂了下来。1958年，宾夕法尼亚大学的亨德森（Gerald M. Henderson）完成博士学位论文：《阿尔弗雷德·拉塞尔·华莱士：他的角色以及对19世纪进化思想的影响》（*Alfred Russel*

Wallace: *His Role and Influence in Nineteenth Century Evolutionary Thought*），标志着学院内部开始重新重视华莱士这一人物。亨德森在论文中详细考察了华莱士作为"催化剂"推动达尔文主义问世的历史作用、为达尔文主义所做的辩护以及在生物地理学与人类学方面的贡献。论文重在梳理华莱士于科学上得到公认的成就，也提到了他的唯灵论思想，但是对于唯灵论与华莱士的科学思想之间的关联探讨并不充分，只是提示道：

> 除了在科学上的兴趣，他在其他领域也展开了大量的阅读、探索与写作。社会主义与唯灵论也是他的研究范围，这些争议不断的领域占去了他大量的精力……本文主要致力于展示、分析他的科学贡献，在一定程度上忽略了他的这些兴趣。在他自己的价值观里，唯灵论与社会主义是跟达尔文主义一样有意义的。①

学术界的编史学传统也在逐渐完善。1959 年达尔文《物种起源》（*On the Origin of Species: By Means of Natural Selection, or the Preservation of Favoured Races in the Struggle for Life*）出版一百周年纪念大会召开，成为科学史界达尔文研究的转折点，还带动了"达尔文类"图书（包括电视片）井喷式增长的"达尔文产业"的发展。此时，现代综合进化论基本成型，达尔文自然选择学说与孟德尔遗

---

① Henderson, *Alfred Russel Wallace: His Role and Influence in Nineteenth Century Evolutionary Thought*, Ph. D. Dissertation, Philadelphia: University of Pennsylvania, 1958, p. 7.

传学说相结合，生物统计学派、实验室生物学家、田野博物学家与古生物学家的研究最终在进化论问题上达成一致，达尔文主义的合理性得到科学公共体的公认。生物学家这时开始以达尔文为中心人物总结现代进化论发展的历史，达尔文身边的人物也得到相应重视，华莱士便是其中之一。1964年，历史学家威尔玛·乔治（Wilma George）出版《生物学家哲学家：阿尔弗雷德·拉塞尔·华莱士生平著作研究》(*Biologist Philosopher: A Study of the Life and Writings of Alfred Russel Wallace*)，书中将华莱士定位为超越一般科学研究的思想家，以主要著作为线索考察他一生智识活动的方方面面。乔治对华莱士热衷灵学做出了分析，也注意到现代唯灵论在他思想发展中的关键作用。

> 没有证据表明华莱士曾经做过生物学实验。……华莱士是一位理论科学家，也是一位生物哲学家，他提出观念，便交由其他人设置实验来检验它们。通常，他总是接受他们的研究结论。
>
> 然而，对于唯灵论研究，华莱士却想象自己是一个实验家，同时拒绝承认不信者的证据。没人能说服他降神会是一个骗局。如果某人说他看见了死去的儿子，这是个事实；如果灵媒说他能够招来亡魂，这也是个事实。与别人分享着天真的宽宏大量，他被他们与自己欺骗了。……
>
> 在人类进化理论方面，他受到了唯灵论的影响。[①]

---

① George, *Biologist Philosopher: A Study of the Life and Writings of Alfred Russel Wallace*, New York: Abelard‐Schuman, 1964, pp. 244–245.

乔治这部专著提出了科学家华莱士与思想家华莱士两种形象之间的张力，凝练而不失准确，为此后的研究开了一个好头。

1966年，文学作家威廉姆斯-艾丽斯（Amabel Williams-Ellis）也推出一部为华莱士"定性"的专著：《达尔文的月亮：阿尔弗雷德·拉塞尔·华莱士传记》(*Darwin's Moon：A Biography of Alfred Russel Wallace*)，书中评价了华莱士的历史地位以及他与达尔文的关系：

> 出于达尔文所说的"宽宏大量"，面对这一科学思想中最具解放性的进展之一，华莱士主动选择了让达尔文独享声誉——解决生物多样性问题的名望与光荣。华莱士独立解决了这个问题，并提出必要而有分量的一手证据支持这一新假说。但因为他厌恶争夺优先权的丑态，自愿扮演起达尔文太阳的月亮的角色。①

这部传记总体上看来只是一部面向大众的通俗作品，但对学术界的研究也有一定影响，它树立了华莱士作为"达尔文的月亮"的正统形象，指出了此后一段时期以内华莱士研究的主要方向，即如何看待华莱士与达尔文两人在这场生物学革命中所做贡献的异同，以及他们之间的相互影响。华莱士独立发现自然选择原理以及达尔文处理"华莱士事件"的过程，成为当时学者津津乐道的热点问题。1966年，麦金尼（H. Lewis McKinney）发表论文《阿

---

① Williams-Ellis, *Darwin's Moon：A Biography of Alfred Russel Wallace*, London and Glasgow：Blackie & Son, 1966, p. ix.

尔弗雷德·拉塞尔·华莱士与自然选择的发现》("Alfred Russel Wallace and the Discovery of Natural Selection"),考察华莱士的两次海外考察如何促成这一划时代的科学发现,并指出华莱士工作的独立性质:

> 很明显不是动物地理学将华莱士引向进化论,相反,是进化论将他引向了生物的地理分布现象。此外,达尔文在任何意义上都没有直接促进华莱士的发现,相反,倒是华莱士1855年的论文作为一种催化剂服务于达尔文,也使赖尔(Charles Lyell)开始相信物种通过自然选择而起源。①

对此他提出的问题是:

> 在这一事件中,真正令人好奇的是,从正确的观念出发、热心探索物种问题至少已有13年的华莱士,为什么没有在1858年以前发现自然选择。②

1967年,麦金尼在康奈尔大学完成同名博士论文。与麦金尼类似的工作也有另外的学者在做。1968年,贝德尔(Barbara G. Beddall)发表长文《华莱士、达尔文及自然选择理论:观念与态度发展的考察》("Wallace, Darwin, and the Theory of Natural Selection: A Study in the Development of Ideas and Attitudes"),文中详细梳理了华莱士促成

---

① McKinney, "Alfred Russel Wallace and the Discovery of Natural Selection", *Journal of the Hisrory of Medicine and Allied Sciences*, Vol. 21, No. 4, Oct. 1966, p. 357.

② Ibid..

自然选择理论问世的过程，也提出了需要进一步研究来解决的问题：

> 这样，故事讲完了，有些问题还是没有得到回答。为什么华莱士首先写信给达尔文？为什么达尔文将自然选择理论的提纲寄给阿萨·格雷（Asa Gray），达尔文收到的华莱士、赖尔、胡克（Joseph Dalton HooKer）与格雷的信最后怎么处理了？华莱士的手稿在哪里？答案在缺失的资料中，真正发生了什么还只能存疑。其他资料也大量缺失，但这样的事实并不能使如下观点失效：支持一些公认解释的证据是不充分或者缺乏的，而另外一些解释，则明显是错的。①

此后，"缺失的资料"开始被更多地发掘出来。贝德尔1969年主编文集《华莱士与贝茨在热带：自然选择学说导论》（*Wallace and Bates in the Tropics: An Introduction to the Theory of Natural Selection*），汇总了华莱士第一次海外考察的相关资料。同样在1969年，麦金尼发表《华莱士对进化论的最早关注：1845年12月28日》（"Wallace's Earliest Observations on Evolution: 28 December 1845"），考据出华莱士第一次提到钱伯斯进化思想的信件的确切日期，消除了学界的一个争议，也为此后的研究增添了一个可靠的起点。1971年、1972年，麦金

---

① Beddall, "Wallace, Darwin, and the Theory of Natural Selection: A Study in the Development of Ideas and Attitudes", *Journal of the History of Biology*, Vol. 1, No. 2, Autumn 1968, p. 318.

尼分别为华莱士在南美之行基础上出版的两部专著《亚马逊的棕榈树及其用途》(*Palm Trees of the Amazon and Their Uses*) 与《亚马逊与内格罗河游记》(*A Narrative of Travels on the Amazon and Rio Negro, With an Account of the Native Tribes, and Observations on the Climate, Geology, and Natural History of the Amazon Valley*) 写了导论。另外他在1971年还主编了《从拉马克到达尔文：1809—1859年进化生物学文集》(*Lamarck to Darwin: Contributions to Evolutionary Biology 1809 - 1859*)，对前达尔文进化思想方面的资料做了系统整理。1972年，麦金尼在博士论文基础上出版《华莱士与自然选择》(*Alfred Russel Wallace and Natural Selection*) 一书，书中运用华莱士尚未发表的手稿对他发现自然选择的过程做分阶段的考察，强调了华莱士的独立工作对赖尔与达尔文的直接影响，认为华莱士的发现并不是一个偶然事件，而是他在长期探索中思路发展的必然结果。麦金尼还考证出华莱士发现自然选择的具体地点是济罗罗岛（Jilolo）而非一般学者所认为的特尔纳特岛（Ternate）。

虽然学者们于科学层面努力将华莱士与达尔文分离开来，但事实上华莱士的研究工作确实在1858年之后与达尔文会合在了一起，他此前独立探索的资料也是有限的，因此将华莱士局限在"前达尔文进化论"领域的研究空间似乎不大。结果在麦金尼与贝德尔工作的基础上，有学者开始把讨论的焦点引向另外一个大众比较感兴趣的方向："华莱士事件"是不是达尔文的一个阴谋？

支持"达尔文阴谋论"的代表人物包括东南亚问题专家、记者布拉克曼（Arnold C. Brackman）与生态学家布鲁克斯（John Langdon Brooks），二人分别于 1980 年、1982 年出版《微妙的安排：查尔斯·达尔文与阿尔弗雷德·拉塞尔·华莱士奇案》（*A Delicate Arrangement: The Strange Case of Charles Darwin and Alfred Russel Wallace*）与《起源之前：华莱士的进化理论》（*Just Before the Origin: Alfred Russel Wallace's Theory of Evolution*），为华莱士鸣不平。二人都以 1858 年华莱士寄给达尔文的手稿与信件的逸失为突破口，怀疑达尔文在收件日期上不诚实，有可能暗中利用了华莱士，甚至剽窃了他的歧化原理（principle of divergence）。科学史界立刻有人站出来反驳这种阴谋论，柯恩（David. Kohn）撰文回应了布拉克曼的猜疑，指出达尔文的歧化原理在当时比华莱士所能想象的还要复杂得多，而从既有的证据来看，"微妙的安排"也仅仅是一场"安排"而已，其中并无阴谋可言。[①] 另外有多篇书评认为布鲁克斯对华莱士田野博物学工作的描述与还原是极其出色的，但他指控达尔文的证据仍然不够充分。[②]

1982 年，为纪念达尔文逝世 100 周年，学术界再次召开大会，以此为契机，柯恩主编了一部经典文集：《达尔文的遗产》（*The Darwinian Heritage*, 1985），历史学家这才从生物学家手中夺过了达尔文研究的主场优势。80 年代中后期，达尔文产业进入黄金时期，华莱士也得到更多的机会走出达尔文的影子。21 世纪前后，一连有

[①] Kohn, "On the Origin of the Principle of Diversity", *Science*, Vol. 213, No. 4512, Sep. 1981; Kohn, "Darwin's Principle of Divergence as Internal Dialogue", *The Darwinian Heritage*, ed. David Kohn, Princeton NJ: Princeton University Press, 1985.

[②] Nelson, "Untitled Review of *Just Before the Origin: Alfred Russel Wallace's Theory of Evolution*", *Systematic Zoology*, Vol. 33, No. 2, Jun. 1984; Bowler, "Wallace and Darwinism", *Science*, Vol. 224, No. 4646, Apr. 1984.

数部华莱士专著问世：探险家谢弗林（Timothy Severin）1998年出版《香料群岛之旅：寻访达尔文进化论发现的分享者》（*The Spice Islands Voyage: The Quest for the Man Who Shared Darwin's Discovery of Evolution*），该书1999年由台湾翻译家廖素珊译成中文在台湾出版，是目前华莱士二手文献中仅有的中译本；1999年，纳普（Sandra Knapp）出版《林间足迹：阿尔弗雷德·拉塞尔·华莱士在亚马逊》（*Footsteps in the Forest: Alfred Russel Wallace in the Amazon*）；2000年，威尔逊（John G. Wilson）出版《被遗忘的博物学家：寻找阿尔弗雷德·拉塞尔·华莱士》（*The Forgotten Naturalist: In Search of Alfred Russel Wallace*）。这些著作主要被归入通俗读物一类，在学术界的影响不大。华莱士沉寂多年的著作也再次进入读者的视野，1991年史密斯主编出版《阿尔弗雷德·拉塞尔·华莱士短文选集》（*Alfred Russel Wallace: An Anthology of His Shorter Writings*），2004又主编三卷本《阿尔弗雷德·拉塞尔·华莱士进化论作品集，1843—1912》（*Alfred Russel Wallace: Writings on Evolution, 1843-1912*）。贝里（Andrew Berry）于2002年出版《无尽的热带：阿尔弗雷德·拉塞尔·华莱士选集》（*Infinite Tropics: An Alfred Russel Wallace Anthology*），古尔德为此书写作序言。思想原貌离不开原始文本的呈现。从2000年开始，史密斯在西肯塔基大学（Western Kentucky University）创办网站"阿尔弗雷德·拉塞尔·华莱士主页"，整理编目了华莱士的全部著作，汇集并及时更新华莱士研究所必需的专门信息与大量资源。这项出色的工作引起了"非达尔文"进化论专家鲍勒（Peter J. Bowler）的注意，他把它看作是其所谓"非达尔文产业"的一个典范性成果。[①] 史密斯是生物地理学家出身,从 80 年代起钻研华莱士文本至今,著有一系列相关论文及未正式出版的专著,他不仅重视阐释华莱士思想体系的完整性,还致力于从系统论角度提炼华莱士进化论中在今天看来依然鲜活的东西,成为继麦金尼、贝德尔之后华莱士研究领域的新一代学者代表。

2001 年拉比(Peter Raby)出版《阿尔弗雷德·拉塞尔·华莱士的一生》(*Alfred Russel Wallace, A Life*),此后又有 2002 年舍尔默(Michael Shermer)的《在达尔文的影子里:阿尔弗雷德·拉塞尔·华莱士的一生及他的科学——历史心理学的传记研究》(*In Darwin's Shadow: The Life and Science of Alfred Russel Wallace: A Biographical Study on the Psychology of History*)、2004 年费奇曼(Martin Fichman)的《维多利亚怪杰:阿尔弗雷德·拉塞尔·华莱士的进化》(*An Elusive Victorian: The Evolution of Alfred Russel Wallace*),以及 2004 年斯洛顿(Ross A. Slotten)的《达尔文法庭上的异端:阿尔弗雷德·拉塞尔·华莱士的一生》(*The Heretic in Darwin's Court: The Life of Alfred Russel Wallace*)。四部专著有着共同的特点:第一,资料翔实,使用大量学术文献与华莱士的原始文献;第二,内容丰富,涉及华莱士生平、思想的方方面面;第三,有意摆脱华莱士与达尔文比较研究的传统套路,刻画出一个独立、完整的华莱士形象。

经过综合进化论时代的"再发现",华莱士成为科学

[①] Bowler, "Do we need a non-Darwinian industry?", *Notes & Records of the Royal Society*, Vol. 63, April 2009, p. 395.

史与科学哲学研究的理想题材。研究热点渐渐落在华莱士的灵学思想与科学思想之间的关系上。显然在今天看来，在同一人身上，科学家与哲学家的身份比较容易统一在一起，而科学家与灵学家之间的张力就大得多。当今时代，无论是中国国内还是国外，科学界主流一般都将灵学划入伪科学范畴，这样投身于科学又热衷于伪科学的华莱士就呈现出一种双重而不和谐的形象：一方面是发现自然选择并坚定捍卫达尔文主义的"真正的骑士"（胡克语），另一方面又是诉诸虚幻的灵魂世界来解释人类进化的"达尔文法庭上的异端"。由此就产生了一个问题：华莱士以科学家身份接受唯灵论，他的思想发展是经历了一次实质性的转变，还是保持了原有思路的一贯性？

围绕着"变"与"不变"，形成了两派不同意见。支持"变"的研究者以鲁斯（Michael Ruse）为代表，他的看法是：华莱士天性里有一种轻信与叛逆的倾向，无论是最初受钱伯斯影响接受进化论，在降神会中接受唯灵论还是晚年参与土地国有化运动，都是这种天性使然。华莱士接受唯灵论的结果自然是偏离了达尔文的正统路线乃至科学的正统路线，使自己成为生物学的"叛逆者"。对于华莱士积极参加灵学活动，鲁斯评论道：

> 他也许是一个怪人（crank），但却是一位用功的、努力工作的怪人。他花了数年的时间参加降神会，支持唯灵论也支持灵学家们。[1]

---

[1] Ruse, "Alfred Russel Wallace, the Discovery of Natural Selection, and the Origins of Humankind", *Rebels, Mavericks, and Heretics in Biology*, eds. Oren Harman and Michael R. Dietrich, New Haven & London: Yale University Press, 2008, pp. 28 - 29.

鲁斯是达尔文产业的核心人物，对达尔文革命中科学获得独立地位的复杂过程，尤其是达尔文进化论这条主线有相当的把握，于是我们看到他的研究结论落在：

> 单独的华莱士研究是引人入胜的，但他对科学与我们认为是非科学因素的缠结，显示出科学是何其缓慢，有时要面临困难地从宗教与其他领域中脱离出来，才成为一种独立的专业范式。[1]

另一方面，以史密斯与费奇曼为代表的科学史家倾向于支持"不变"的观点，他们不满足以"轻信"或"怪"为理由解释华莱士的灵学转向，而重视从华莱士的原始文本中重构"华莱士主义"思想体系的内在逻辑，考察他在自然哲学或形而上学层面接受唯灵论的连贯思路。2008年，史密斯与贝克罗尼（George Beccaloni）合编《自然选择及其超越：阿尔弗雷德·拉塞尔·华莱士的精神遗产》(*Natural Selection and Beyond: The Intellectual Legacy of Alfred Russel Wallace*)，以半文集半集体合著的形式，汇集了各路华莱士研究者的最新成果。同年为配合该书发行，以纪念自然选择学说发表150周年为契机，编者同科学与医学网（"Scientific and Medical Network"，http://www.scimednet.org/）组织举办了一次华莱士专题研讨会，会议地点就选在了当初公布达尔文—华莱士联合论文的伦敦林奈学会（Linnean Society of London）会议室。这次会议宣

---

[1] Ruse, "Alfred Russel Wallace, the Discovery of Natural Selection, and the Origins of Humankind", *Rebels, Mavericks, and Heretics in Biology*, eds. Oren Harman and Michael R. Dietrich, New Haven & London: Yale University Press, 2008, p. 34.

告华莱士研究已发展成熟为独立的学术领域,而不再是达尔文研究的附庸。在文集中,华莱士生平与思想的各个侧面都得到清晰的展现,而史密斯通过自己的专题文章正式提出"变"还是"不变"的问题,并在结论文章中尝试给出了自己的回答:

> 如此,占优势的证据——以及否证意义上的证据——显示出华莱士在1863—1864年接受斯宾塞(Herbert Spencer)的研究路径只是对他一生中思想主线的暂时偏离。在此之前,任何人都能从1858—1864年期间的确实证据中指出:《倾向》一文意欲展示人类进化的各个层面。只能说"思想转变"的理论代表了解释华莱士个人思想进化备选方案之中较弱的一种。①

在深入华莱士思想某一个具体方面的专门研究中,近年来也有新成果问世,比较有潜力的方向是华莱士进化思想与当代智能设计论之间的关系问题。2009年弗兰纳里(Michael A. Flannery)出版《阿尔弗雷德·拉塞尔·华莱士的智能进化论:华莱士〈生命的世界〉如何挑战达尔文主义》(*Alfred Russel Wallace's Theory of Intelligent Evolution: How Wallace's World of Life Challenged Darwinism*),以华莱士充满"创世论"色彩的"进化论"著作——《生命的世界》为焦点,再现达尔文—华莱士时代创世论与进化论

---

① Smith, "Wallace, Spiritualism, and Beyond: 'Change', or 'No Change'", *Natural Selection and Beyond: The Intellectual Legacy of Alfred Russel Wallace*, eds. Charles H. Smith and George Beccaloni, New York: Oxford University Press, 2008, p. 419.

相互交织的历史语境，指出当代"创世论与进化论之争"漫画化的背后存在着怎样的思想现实。书中重印了精简化的《生命的世界》，力图给华莱士一个"为自己辩护"的机会。

如上所述，博物学家华莱士作为思想家的复杂面目已经渐渐在学者笔下清晰起来，英美世界的华莱士研究可谓兴旺，并且正在达成越来越多的共识。如同鲍勒在《自然选择及其超越》的前言中所说的："他貌似古怪的特征来自于创造一种新颖生命哲学的努力，在重新发现他的观点核心上我们是亏欠了他。……（他的著作）看似纷杂的背后是一个统一的世界观，许多人都会对它抱以同情。"[①]

[①] Bowler, "Foreword", *Natural Selection and Beyond: The Intellectual Legacy of Alfred Russel Wallace*, eds. Charles H. Smith and George Beccaloni, New York: Oxford University Press, 2008, p. viii.

第一章　进化思想史背景

通过灵学（psychic science）调和科学与宗教、在唯灵论基础上阐发进化论（evolutionism）是华莱士生物学思想最大的特色，本书称之为"灵学进化论"。国外研究者费奇曼看到华莱士运用灵学观念将目的论因素保留在进化论之中，犹如一种新的神学，故称华莱士的思想为"神学进化目的论"（theistic evolutionary teleology）。费奇曼指出华莱士进化论的关键在于他相信进化过程中存在着超验的目的性，所以一直在以"越来越明显的有神论与目的论世界观调和他对自然选择的许诺"[1]。然而，华莱士本人曾在当年自认为，自己坚持的是一种比达尔文本人还要达尔文的"达尔文主义"。他的对手，达尔文在学术界最年轻的朋友罗曼尼斯（George John Romanes），同样标榜自己的学说是真正的达尔文主义，却将华莱士的"达尔文主义"称为"新达尔文主义"（neo-Darwinism）。与华莱士一道被划入"新达尔文主义者"的还有反拉马克主义的种质论者魏斯曼（August Weismann）。达尔文的对手，新拉马克

---

[1] Fichman, *An Elusive Victorian: the Evolution of Alfred Russel Wallace*, Chicago and London: The University of Chicago Press, 2004, p. 311.

主义者、作家巴特勒（Samuel Butler）则称华莱士的理论为"华莱士主义"。也有评论者撰文称"华莱士主义"是达尔文主义的一个"变种"。华莱士坚决反对这些说法，回应道："就我所看到的，在他关于达尔文与我之间存在某种观念分歧的陈述中，是没有什么证据支持的。"[①] 显然他的自我理解与他人的看法相左。如果不了解华莱士置身其中的时代，尤其是他当时所面临的思想局面，今天的人们很难理解他如此坚守的初衷所在。

第一节　达尔文主义的困境

在《达尔文主义的日食》（*The Eclipse of Darwinism: Anti - Darwinian Evolution Theories in the Decades around* 1900）一书中，鲍勒总结了19世纪反达尔文主义者质疑自然选择理论的几个主要方面以及达尔文主义者的回应：[②]

第一，化石记录的不完备。古生物学界认为，出土的化石之间无法构成连续的序列，说明新物种形态的出现可能是跳跃式而非渐进式的，而这有可能是造物主特创的结果。达尔文相信问题只是出在记录的暂时不完整上，随着更多化石被开采出来，物种连续渐进式进化的证据会越来越多，化石物种之间的空隙也会被渐渐填满。华莱士在这个问题上与达尔文的看法相近，他关于物种地质分布的研究对达尔文是一个很大的支持。虽然空隙依然存在，但到

[①] Fichman, *An Elusive Victorian: the Evolution of Alfred Russel Wallace*, Chicago and London: The University of Chicago Press, 2004, p. 310.

[②] Bowler, *The Eclipse of Darwinism: Anti - Darwinian Evolution Theories in the Decades around* 1900, Baltimore & London: The Johns Hopkins University Press, 1983, pp. 23 - 28.

了 19 世纪末，古生物学家阵营基本上接受了进化的观念。

第二，地球年龄的争论。自然选择学说以均一论（uniformitarianism）为基础，要求地球自身具有缓慢进化所需的漫长历史，即"深时"（deep time），招致理论物理学家的质疑。1868 年开尔文（Lord Kavin）根据物体的冷却率推测地球年龄，估算出一个很小的数值，对达尔文主义的合理性构成挑战。然而开尔文本人倾向于神学进化论，他认为这样短的进化时间恰好说明了神意在发挥作用。同样对进化时间要求不高的突变论者也欢迎这一估算。华莱士为捍卫自然选择学说挺身而出，试图通过冰川学研究，找到因为气候剧变引起进化速度加快的证据。在 20 世纪的前十年里，运用放射性衰变测量地质深时的方法问世，科学界公认的地球年龄也扩大至几十亿年，足够支持进化的自然选择解释。长寿的华莱士见证了达尔文主义的这一胜利。

第三，非适应性性状的存在。生物个体身上为何出现于生存无益甚至有害的先天特征，是包括自然选择学说在内的适应主义进化论共同的难题。达尔文在处理这一问题时有两种思路：一是进一步探讨非适应性性状的实际功能；二是诉诸"相关律"（the laws of correlation），将非适应性性状解释成适应性性状的附属产品。华莱士接受第一种思路而不满足于第二种思路，进而将适应主义纲领发挥到了极致。1896 年华莱士发表《功能问题》（"The Problem of Utility: Are Specific Characters Always or Generally Useful?"）一文，坚持所有使物种相互区分的性状特征一定具有适应环境的积极意义，在《自然》杂志上引发了一场论战，结果加速了达尔文主义者阵营内部的分化。

第四，进化的秩序性。反达尔文主义者米沃特（St. George Jackson Mivart）指出，不同物种之间有时存在着惊人的相似性，例如头足纲动物与哺乳纲动物的眼睛构造，他认为这种可再现的高度秩序性很难归结为自然环境随机选择的产物，并因此倾向于钱伯斯的自然神学观点。一些古生物学家惊叹于化石记录中体现出来的规则性，也认同米沃特的思路。直生论者强调进化的内在节律性，其优势正在于可以比达尔文主义及拉马克主义更好地解释这种规则性。

第五，自然选择的创造力。在孟德尔遗传学的性状分离与自由重组规律得到肯定之前，达尔文主义很难解释导致先天变异发生的力量来源，达尔文以此提出倾向拉马克主义的泛生论假说，但对作为实际遗传单位的"微芽"（gemmule）或"泛生子"（pangene）的具体形态与机制一无所知。批评者（如直生论者与突变论者）可能据此认为，自然选择只是对变异的材料进行整理，而变异的起源不明，因此遗传而非适应才是物种由一而多的秘密所在。神学进化论可将变异归因于超自然力的干预、设计或预先设定程序。孟德尔革命开创的现代遗传学正是因为打开了变异规律的黑箱，确定了变异与选择的协调性，才为困境中的达尔文主义提供了出路。

第六，混合遗传的问题。孟德尔在1865年发表的实验报告已经表明，个体性状以颗粒状存在，在遗传过程中自由重组而非相互混合，但此成果在1900年之前并未引起包括达尔文在内的进化论者的注意。先天变异是连续的还是非连续的成为困扰达尔文主义的谜团，也成为生物统计学派与突变论者的争论之源。1867年詹金（Fleeming

Jenkin）指出"淹没效应"对达尔文主义的挑战：如果混合遗传存在，亲本的优势性状终将在代际更替中回归到平均水平，自然选择也将因此失去先天变异所提供的原材料。面对挑战，达尔文的研究重心由明显远离平均值的变异转向一般的非极性变异。华莱士在《倾向》中并没有考虑变种形成的过程以及变异的规律性，在达尔文的影响下，也开始关注相关问题。世纪之交基于遗传学的突变理论渐渐揭开变异机制的神秘面纱，尽管突变论者起初试图以孟德尔主义取代达尔文主义，但遗传学的进展最终使局面对达尔文主义有利。当达尔文主义与孟德尔主义在生物统计学与突变论取得和解的基础上综合起来，"淹没效应"的难题才得以解决，达尔文主义的"日食"也才得以结束。

由此可见，遗传学基础成为19世纪后期达尔文主义最大的软肋。上述六个质疑中的后四个都或多或少牵涉遗传机制的问题，也更为棘手。在遗传机制依然神秘的情况下，进化论一方面得不到必要证据的及时支持，另一方面也突破不了旧范式的束缚。达尔文主义无法澄清遗传、发育、进化之间的界限，也就难以彻底驳倒对手。

新旧范式的转换是由"孟德尔革命"开启的。在此之前，包括达尔文在内的进化论者普遍将个体发育看作种群进化的一个环节，即没有将"基因型"与"表现型"的层次区别开来。在以分子生物学为基础的现代综合进化论看来，先天的"变异"是遗传过程中基因重组的结果，后天的"歧化"是适应过程中自然选择的结果，"进化"其实是由两种不同层次的"变化"所构成。精确复制的遗传物质保证了生物体的稳定性，变动不居的环境则为生物体提供了差异性条件。① 传统的胚胎重演律、进步性发育法则、用进废退与获得性遗传等进化机制都没能澄清这一点。达尔文的泛生论也是如此，在1868年出版的专著《驯化动植物的变异》(The Variation of Animals and Plants under Domestication) 中，他猜测生物体各个部位都能产生出一种可称之为"微芽"的遗传物质，微芽汇聚了母体当下的性状特征，通过生殖细胞传递给下一代。生物个体的后天适应与先天遗传就这样混同在了一起。

魏斯曼与华莱士的"新达尔文主义"不认同软遗传的泛生论假说，试图以硬遗传的种质假说取而代之。1878年到1883年期间，魏斯曼通过研究水螅水母（hydromedusa），发现生物的遗传特征不受母代后天变化的影响，说明可能存在一种专门的遗传单位——独立于"体细胞"（somatic cell）的"种细胞"（germ cells），决定着个体的先天性状而不受后天环境的影响。但在理解"种质"形成的问题上，魏斯曼设想存在一种细胞内优胜劣汰的"种选择"（germinal selection）机制，可用以解释例如痕迹器官变小等问题，这又像泛生论一样为拉马克主义或直生论留了后门。鲍勒因此认为，与其说魏斯曼是第一个现代意义上的遗传学家，不如说他是最后一个传统意义上的遗传学家。②

华莱士接受了魏斯曼的学说并与之结盟。在自传《我

---

① Clark, *Molecular Biology*, Amsterdam, Boston, Heidelberg, London, New York, Oxford, Paris, San Diego, San Francisco, Singapore, Sydney, &Tokyo: Elsevier Academic Press, 2005, pp. 1–20.

② Bowler, *The Mendelian Revolution: The Emergence of Hereditarian Concepts in Modern Science and Society*, London: The Athlone Press, 1989, p. 90.

的一生》中，华莱士详细说明了自己由泛生论转向魏斯曼学说的过程：

> 达尔文和差不多所有的博物学家一样，总是相信获得性性状的遗传，认为器官的用或不用，以及气候和食物等等对个体的影响都是可以遗传的。他的泛生论就是发明来解释遗传效应中的这种现象的。最初我曾接受了泛生论，因为我也总是（像达尔文那样）感觉它是可以提供一些假说的信念，无论多么具有临时性和不可靠，总可以用它来解释一些事实。当时我对达尔文说："在找到一个可以替代它的更好的理论以前，我不打算抛弃获得性遗传说。"我过去从来没有想到这种理论会直接被证伪。但F. 高尔顿（Francis Galton）先生的实验——他把某种兔子的大量血液输给其他品种的兔子，后来发现它们的后代没有发生哪怕一丁点的变化——在我看来这几乎正是证伪泛生论所需要的证据，虽然达尔文不是这样认为的。但是到了很晚以后的一个时期，魏斯曼博士表明确实不存在那种性状遗传的有效证据。他进一步举出大量证据支持他的种质连续理论，"更好的理论"总算是被找到了，我终于放弃了站不住脚的泛生论。这种新理论真的简化并加强了自然选择的基本信条。①

华莱士运用高尔顿、魏斯曼等人的成果弥补自己在实

---

① Wallace, *My Life*: *A Record of Events and Opinions*, Volume II, New York: Dodd, Mead, 1905, p. 21.

验研究方面的不足，但他在灵学上寄予了更大的希望。华莱士为达尔文主义的传播做出了很大的贡献，在1886年到1887年的北美巡回演讲中，他努力宣传被人忽视的自然选择学说，同时运用唯灵论为进化论作辩护，美国的灵学界也对他表示欢迎。对于华莱士而言，唯灵论的解释比生物统计学派的实验研究在反驳对手方面要简洁有力得多。在演讲基础上，华莱士推出他在1858年发现自然选择原理（并戏剧性地与达尔文会师一处）之后的第一部进化论专著《达尔文主义》（Darwinism: An Exposition of the Theory of Natural Selection with Some of Its Applications）。华莱士在书中结合魏斯曼的最新证据来讨论自然选择学说，也系统阐发了他在进化论相应问题上的唯灵论观点。

华莱士与魏斯曼的努力未能复兴达尔文主义，反而加剧了"日食"的局面。在达尔文本人的学说体系中，自然选择机制之外还有其他辅助性的进化机制在起作用，例如性选择、相关律变异与泛生论遗传。多元化的理论特点使原本质疑自然选择机制的进化论者也可以以达尔文主义者自居，而实际上采纳了一些非达尔文的研究思路。"新达尔文主义"以自然选择作为唯一的进化机制，相当于要求伪达尔文主义者暴露身份，被迫在自然选择与反达尔文主义之间做出选择。包括斯宾塞在内的一些学者选择了离开达尔文的阵营，拉马克主义开始以"新拉马克主义"（neo-Lamarckism）的旗号独立出现在生物学舞台，随后又出现直生论与突变论等新的反达尔文主义势力。

除了遗传学的瓶颈之外，达尔文主义在19世纪的发展还受到意识形态因素的牵制。维多利亚人信仰进步，无论是钱伯斯的"进步性发育"还是拉马克的"用进废退"

观念都比达尔文的"自然选择"更符合当时的时代精神。《物种起源》只是"催化"了当时大多数人以"进步论"的模式接受了"进化"的观念,却没能使自然选择理论深入人心。强调随机变异下局部性适应的自然选择学说无法承诺进化的方向性,但上帝设定程序的神学进化论、在环境适应中以"奋斗"取代"斗争"的拉马克主义以及淡化环境因素的直生论与突变论可以。维多利亚时代的进步主义者相信进步的必然性,一方面怀有传统神学目的论的超验理想,另一方面又从进化论身上看到了将"进步"信念"科学化"的可能,进化论因此成为神学与科学寻求妥协的理想平台。在钱伯斯《遗迹》掀起的热潮中,"进化论"一开始就是作为引起大众好奇的"科学的进步论"出现的,与颅相学、社会主义、女性主义以及灵学一道,都既与基督教的保守思路不同,又与科学自然主义的激进思路不同,却能够以科学(而非神学)的名义为一些复杂的社会问题提供新颖的解决方案。钱伯斯与华莱士两人在灵学上也是一拍即合。华莱士是达尔文主义者,但同时也是一位进步主义者。他反对特创论与拉马克主义,但无法放弃对于进步的信仰,也不愿看到人类失去在自然界中"神圣"的地位。因此,当降神会中的"神秘"力量向华莱士显示出当前科学的局限性,他便"预支"了"未来科学"的"福音",将拯救学说与拯救人类的希望寄托在了"适者永存"的"灵魂世界"。他最后还是用"进化论"维护了"进步论"的世界观。[①]

[①] Ruse, *Monad to Man: The Concept of Progress in Evolutionary Biology*, Cambridge, MA: Harvard University Press, 1996, p.204.

概括来说,在"新达尔文主义运动"这场失败的保卫战中,可以看到自然选择学说在当时面临内外交困的局面。反对者在科学上抓住了达尔文主义在遗传理论方面的弱点,在文化心理上又不愿接受它对进步主义信仰的破坏或改造。科学上的弱点由此成为维护保守观念的入手点。自然选择学说本身具有一种除旧布新的革命性力量,但此时新旧范式转换的时机还未成熟。华莱士对灵学的求助,由此也可看作是科学范式对峙时期科学家心灵动荡的体现。维多利亚时代的科学家既相信科学又相信进步,神学进化论未能阻止特创论的衰落,而尚不完善的科学进化论依然保留了目的论的空间。按照今天的科学标准,华莱士的研究方向不是前进而是倒退了,但从整个达尔文革命史的大背景看,他是在以一种倒退的方式捍卫一种前卫的观念,其中历史与逻辑的张力是颇为奇妙的。

第二节 "非达尔文革命"

鲍勒于 1988 年提出"非达尔文革命"的概念,对传统的达尔文革命编史学做出修正,也为此后的"非达尔文"进化论研究者开辟了道路。回顾 19 世纪进化论在英国的发展状况,会发现达尔文主义的问世固然促使科学共同体接纳了进化生物学,但它本身并不是唯一的"科学"方案。对于自然界的物种多样性,传统基督教的创世论解释与自然神学的设计论解释开始衰落,但早于达尔文主义问世的拉马克主义(Lamarckism)也在达尔文革命中复活了,此后又涌现出直生论(orthogenesis)与突变论(mutationism),都是它不可忽视的对手。从科学进化论中清除宗教文化及意识形态的杂质是一个复杂的过程，而进化论内部不同模式之间的竞争也同样激烈。结果直到维多利亚时代落幕，达尔文主义与各路反达尔文主义依然相互对峙。鲍勒在他的书中表明，以达尔文为旗帜，科学家完成了进化论对特创论的革命，但作为达尔文主义灵魂的自然选择学说并未获得普遍认同，时人更倾向于接受非达尔文的进化理论，因此这是一场以"达尔文革命"为名的"非达尔文革命"。[①] 19世纪发生了进化论革命是事实，达尔文也确实在其中扮演了关键角色，但他的学说却超越了他的时代。

鲍勒称当时公开支持达尔文主义但实际上对自然选择机制表示怀疑的进化论者为伪达尔文主义者（pseudo-Darwinian），代表人物为赫胥黎与海克尔，而称公开反对达尔文主义的进化论者或物种不变论者为反达尔文主义者（anti-Darwinian），他们或者接受其他可能的进化论方案，如拉马克主义、直生论、突变论等，或者坚持形态学的"原型"（archetype）传统反对进化论本身，如欧文（Richard Owen）等老一辈科学绅士，或者以神学进化论反对博物学家们的进化论，代表人物包括米沃特、阿吉尔（Duke of Argyll）、卡朋特（William B. Carpenter）等。[②]

按此标准划分，华莱士以达尔文主义者自居，终生捍卫达尔文主义，因此他绝不是反达尔文主义者。从科学进化论的部分看，华莱士坚持自然选择是实现进化的唯一机

[①] Bowler, *The Non-Darwinian Revolution: Reinterpreting a Historical Myth*, Baltimore and London: The Johns Hopkins University Press, 1988, pp. 4-6.

[②] Bowler, *The Eclipse of Darwinism: Anti-Darwinian Evolution Theories in the Decades around* 1900, Baltimore & London: The Johns Hopkins University Press, 1983, p. 49.

制,同样不能将他划入伪达尔文主义者的行列。然而华莱士确实不是"正统"意义上的达尔文主义者,出现这种身份认同的悖论,只因为他对于"自然科学"甚至"自然"本身有着与众不同的理解。在人类进化问题上,华莱士开始诉诸灵学家信奉的超自然力量,明显超越了一般达尔文主义者对自然主义界限的把握。华莱士本人相信灵学不是神学而是科学,相信未来的科学界最终将承认灵学研究的合法地位,这样也很难称他为"神学达尔文主义者",或许称他为"伪科学达尔文主义者"更为适合。可以确定的是,华莱士在当时为灵学争取科学地位,与达尔文主义在"非达尔文革命"中的处境不无关系。

在进化论革命正式启幕之前,钱伯斯已经为达尔文的出场搭建了舞台。他匿名出版的神学进化论专著大获成功,甚至由此引发了大众阅读、讨论科学的空前盛况。1837 年维多利亚女王登基,开启了强盛的维多利亚时代,繁荣景象一直维持到 1914 年(也是华莱士去世的第二年)第一次世界大战爆发。英国在这一时期到达工业革命的顶峰,工商业如日中天,经济文化全面发展,对科学与进步的崇尚成为维多利亚人标志性的特征。在《维多利亚轰动》一书中,"达尔文通信计划"主任、"科学传播史"纲领的提出者西科德(James A. Secord)研究指出,"交通领域的工业革命"对维多利亚早期思想氛围的形成发挥了至关重要的作用:

> 生活在 19 世纪前半叶的人们相信他们正目睹一场史无前例的变化。法国革命、拿破仑战争这样划时代的事件使人们意识到他们是生活在一个独一无二的

历史时刻。这种意识在19世纪三四十年代进一步扩展，使他们相信人类生活的物质基础正处于关键性的交界处，而现在知识领域的蒸汽引擎成为新时代的主要象征。机器主导了公众讨论，部分原因在于交通、运输成为正在进行工业化的经济部门的开路先锋。时间的观念与工厂制度及列车时刻表绑定在一起，信息的传递比从前任何一个时期都要快。新式技术，从轮船印刷品到铁路书报摊、邮票与电报线路，不只改变着社交的话题，还改变着它的基本方式。"轰动"（sensation）是标注这种观念转变的词汇之一。[①]

正是在这种欣欣向荣的形势下，1844年，钱伯斯推出了他的《遗迹》——有史以来第一部系统性阐发进化论的理论专著。该书的成功发行与传播立即使进化论成为街谈巷议的热门话题，也为当时大众文化盛行、科学知识平民化的良好局面锦上添花。[②]《遗迹》中的"进化"是一个自然而然的进步过程，它不仅包括生物进化，还包括之前的星系进化与之后的人类进化。在生物进化的阶段，这一过程由一些影响先天发育及后天适应的内在"冲力"（impulse）来完成，称为"进步性发育"（progressive development）。从星云到行星到生物再到人类的整个发展程序均由上帝在创世之初预先设定，此后神意与奇迹不再干涉自然界的有序运行，而地质学家、古生物学家、博物学家眼

[①] Secord, *Victorian Sensation: The Extraordinary Publication, Reception, and Secret Authorship of "Vestiges of the Natural History of Creation"*, Chicago: the University of Chicago Press, 2000, pp. 25 – 26.

[②] Ibid., pp. 34 – 40.

中物种变异与多样化的进化证据，皆为这场伟大创世的痕迹遗留。

此时的达尔文是一位秘密的进化论者，且已在着手阐发自己的自然选择学说，钱伯斯进化论在思想上对他的影响并不大。但耳闻目睹《遗迹》对大众的影响尤其是科学界保守势力对它的围攻，他调整了写作出版"关于物种的大书"的战略部署。鲍勒曾以此对比哥白尼革命与达尔文革命，指出钱伯斯在达尔文革命中扮演的角色接近于哥白尼革命中的哥白尼（Nicolaus Copernicus），而达尔文本人则相当于哥白尼革命中的开普勒（Johannes Kepler）或是伽利略（Galileo Galilei）。[①]

1859年，达尔文的《物种起源》问世，英国科学共同体开始正视生物进化问题。有研究表明，1859年到1870年间，科学界四分之三的人士都接受了进化论，大众的数量还要更庞大。[②] 但当时人们普遍接受的进化论并不是达尔文书中的那一版本，对于作为达尔文主义精髓的自然选择理论，真正感兴趣的人并不多，甚至"达尔文的斗犬"赫胥黎也对它敬而远之，只认其为科学"假说"而非科学"理论"。然而《物种起源》的成功使"达尔文主义"一时间成为了"进化论"的代名词。《物种起源》不同于《遗迹》，无论是作者达尔文在博物学界的声望，还是整部书的严肃性与科学含量，都令他的科学家同行们无法轻视。1860年，赫胥黎与威尔伯福斯（Samuel Wilber-

---

[①] Bowler, *The Eclipse of Darwinism: Anti-Darwinian Evolution Theories in the Decades around* 1900, Baltimore & London: The Johns Hopkins University Press, 1983, p. 12.

[②] Bowler, *The Non-Darwinian Revolution: Reinterpreting a Historical Myth*, Baltimore and London: The Johns Hopkins University Press, 1988, p. 47.

force) 主教掀起著名的"牛津论战",代表科学文化新势力的达尔文主义锋芒初露。当时站在达尔文一方的除了赫胥黎之外还有植物学家胡克,而反对达尔文的一方除了牛津教区主教威尔伯福斯,还有古生物学家欧文等"聚集在牛津的大多数最优秀的博物学家"。此后又有开尔文与麦克斯韦(James Clerk Maxwell)等科学家加入反对进化论的行列。[①] 赫胥黎本人虽然是一位突变论者,对自然选择机制与渐变论存疑,但他站在更高的经验主义立场上坚决支持达尔文的学说,并发挥社会活动能力帮助达尔文避免科学界内部的争论,鼓励支持者,安抚反对派,拉拢怀疑者或骑墙派。对于赫胥黎个人而言,借助达尔文的声望宣传进化论有助于他所积极推动的科学制度改革及科学职业化,他也希望进化论能够为工人阶级信奉的渐进式进步提供辩护,以此争取大众对科学在社会文化中树立新权威地位的支持。在赫胥黎与达尔文的配合下,进化论在达尔文主义的旗帜下引起越来越多的重视。初创的《自然》(Nature)杂志成为宣传达尔文学说的重要阵地,进化论者在教育界的势力也在扩大,19世纪60年代末剑桥大学的试卷中已经出现达尔文主义的内容。[②]

与赫胥黎的外围工作不同,华莱士对达尔文主义的捍卫主要在于学理层面。作为"共同发现者",他不仅致力于为自然选择学说的科学性辩护,更认为自然选择机制是自然界唯一的进化机制,并因此成为一位激进的适应论者。尽管如此,工人阶级出身的他同时又对"渐进式进

---

① 张增一:《赫胥黎与威尔伯福斯之争》,《自然辩证法通讯》2002年第4期。
② Bowler, *The Non-Darwinian Revolution: Reinterpreting a Historical Myth*, Baltimore and London: The Johns Hopkins University Press, 1988, pp. 70-71.

步"抱有信念，这使得他在个人思想层面比赫胥黎的处境更为微妙。

1882年达尔文去世后，华莱士成为自然选择学说的主要旗手。1883年魏斯曼以种质学说（germ plasm theory）取代泛生论（pangenesis）解释遗传变异现象，试图清除达尔文主义中的拉马克主义残余，同时确立自然选择为进化的唯一机制。华莱士与魏斯曼建立了同盟，在种质学说基础上坚持自然选择万能论，被学术对手称为"新达尔文主义"。"新达尔文主义"的努力使达尔文主义与拉马克主义的矛盾公开化，导致一些伪达尔文主义者公开投向反达尔文主义者阵营，自然选择学说反而进入了低潮期，史称"达尔文主义的日食"[1]。由于拉马克主义在解释非适应性性状等问题上存在困难，一些反达尔文主义者发展出反适应主义的新学说——"直生论"，将进化归因为生物体自身节律的内在驱动而非环境的随机塑造。1900年孟德尔（Gregor Mendel）的突破性成果被重新发现，以硬遗传机制为基础的突变论成为另一种独立的"非达尔文"进化论模式。

然而随着数理实验方法在生物学研究中的发展，进化论对统计结论及实验室证据的要求越来越高，局面开始对各路反达尔文主义者不利。由高尔顿所开创的生物统计学派成为支持达尔文主义的新生力量，但华莱士与当时的田野博物学家一样没能与其联合起来。"日食"一直持续到华莱士去世后的20世纪30年代。最终孟德尔遗传学与达

---

[1] J. Huxley, *Evolution：The Modern Synthesis*, New York and London：Harper & Brothers Publishers, 1943, pp. 22-28.

尔文的自然选择理论结合而成现代综合进化论，达尔文革命才以胜利告一段落。华莱士目睹了孟德尔成果的"重新发现"，但并未看到"孟德尔革命"对"达尔文革命"的"拯救"，他亲身经历的只是一场"非达尔文革命"。在这样复杂的局面之中，选择灵学并非华莱士背叛科学的荒唐之举，而是捍卫达尔文主义的权宜之计。

第三节 现代唯灵论运动

在达尔文主义的困境中，现代唯灵论的兴起使华莱士看到进化论乃至整个自然科学的新出路。唯灵论是一种古老的观念，宣扬自然界存在着非物质性的感知实体或意识实体，即灵魂（soul）或"灵"（spirit），可以在人进入诸如入定（trance）之类的特殊精神状态时与之建立沟通，并具有影响物质世界的神奇力量，掌握"通灵"能力的人则被称为灵媒（medium）。[1]

在西方文化中，系统的唯灵论研究被称为"灵学"，属于"神秘学"（occult sciences）的一个分支。灵学活动在科学革命之前的年代里比较普遍，与各种宗教文化之间也有着千丝万缕的联系。现代灵学界一般奉瑞典科学家、神学家、神秘主义者斯威登堡（Emanuel Swedenborg）为鼻祖，催眠术创始人麦斯麦（Franz Anton Mesmer）也是新式灵学家的代表人物。19世纪中后期，唯灵论经历了一次回潮，在现代框架下得到进一步的系统

---

[1] Fichman, *An Elusive Victorian: the Evolution of Alfred Russel Wallace*, Chicago and London: The University of Chicago Press, 2004, p. 139.

化及理论化。这场思想运动在当时对大众与科学界人士都产生了很大的影响，华莱士作为知名科学家参与其中，并且走得很远。

　　1848年，纽约的一对福克斯姐妹（Margaret Fox 与 Kate Fox）宣称自己具有通过敲击声与死者建立联系的通灵能力，随后很多人——主要是年轻女子纷纷效仿，组织降神会，立即引起大众强烈的兴趣，形成风靡一时的社会现象。灵学运动很快传到英国及欧洲大陆，并且与当时的心理学研究结合起来，在19世纪50年代达到一个高潮。灵媒们能够演示一些奇异的现象，如招魂、心灵感应、意念移物等，吸引了大批观众。科学家当中持怀疑或抵制态度的人居多，但也出现了一些著名的拥护者，除华莱士之外，还有克鲁克斯（William Crookes，铊元素发现者、阴极射线管发明者、1913—1915年英国皇家学会主席）、洛奇（Oliver Lodge，电动扬声器发明者）、高尔顿（优生学、生物统计学、实验心理学的奠基人）、德·摩根（Augusts De Morgan，数学家）、米沃特（博物学家，反达尔文主义者）、费希纳（Gustav Theodor Fechner，心理物理学创始人）等。1857年美国发生经济危机，1859年达尔文掀起进化论革命，1861年美国爆发南北战争，传统文化观念受到经济动荡与战乱的冲击，知识阶层的注意力由自然神学转向新兴的科学技术领域。灵学混合了科学、哲学与神秘主义，能够为当时人们提供一种兼顾科技发展与道德稳定的文化契机。按照灵学家的说法，现代唯灵论的目标在于实现人性的普遍和谐与灵魂的永生，而这一目标的实现需要科学研究的帮助，"在一个仍然处于宗教阴影下的科学时代里，人们相信科学有责任证明或者证伪此现象的合法性。随后，科学被期望用来证明或者证伪相信此现象真实性的人们是否神智清楚"[1]。在美国，到19世纪70年代为止，已有20个与灵学有关的州组织、105个协会、207个讲席与200个公共降神会场所，据称有800万到1000万人参与其中，而英国的规模很可能与美国一样庞大。[2]

灵学家在大众与上流社会之间左右逢源，但职业化水平日益增强的科学家团体不会任由伪科学兴风作浪，科学与灵学之间的战争一触即发。科学家开始与魔术师联手，公开揭露灵媒的表演手法。反对者们先是迫使福克斯姐妹承认作伪，又把当时知名的灵学家斯雷德（Henry Slade）告上法庭判刑。1876年，伦敦大学学院动物学教授兰开斯特（Edwin Ray Lankester）向灵学家发起进攻，他在《泰晤士报》（Times）上发表公开信指责华莱士于英国科学促进会的年会上偏袒一篇含有唯灵论内容的论文，华莱士予以否认，兰开斯特与华莱士各自的支持者展开了激烈的论战。当斯雷德被告上法庭，华莱士又不惜声誉出庭相助。在法庭上，华莱士陈述了自己11年来的灵学历程，为灵学研究的自由以及灵学家的正义而辩护。[3] 此后几年，华莱士淡出科促会，成为伦敦科学界的一名边缘人士。

1882年，灵学界在伦敦创立心灵研究会（Society for Psychical Research），两年后美国心灵研究会（American Society for Psychical Research）也宣告成立，唯灵论运动进

---

[1] Slotten, *The Heretic in Darwin's Court: The Life of Alfred Russel Wallace*, New York: Columbia University Press, 2004, p. 232.

[2] Ibid..

[3] Ibid., p. 343.

入心灵研究阶段。心灵研究会成员中有许多著名的科学研究者，包括一些英国皇家学会会员甚至诺贝尔科学奖获得者。心灵研究将灵学与心理学资源进一步整合起来，灵学在形式上越来越"心理学化"，应用到更多的科学术语与科学仪器。但灵学活动的主要场所还是降神会，灵学现象及其证据主要还是出自参与者的见证与口头流传。当时比较有影响的灵学组织还包括伦敦唯灵论者联盟（London Spiritualist Alliance）、不列颠唯灵论者全国会（British National Association of Spiritualists）等，这些协会都曾邀请华莱士加盟或请他担任领导者，但华莱士只是注册成为会员，并没有过多地参与其中。[①] 1927年，"志力心理学"（hormic psychology）创始人、时任心灵研究会会长的麦孤独（William McDougall）提出要让灵学研究"出降神会，进实验室"，并在杜克大学创建超心理学实验室（Parapsychology Laboratory），将现代唯灵论的"科学化"事业推向了高潮。[②]

在灵学浪潮席卷而来时，华莱士正在为捍卫"早熟"的达尔文主义感到为难。自然选择理论不见容于当世，以至于华莱士作为"原创者"都觉得有修正它的必要。在孟德尔革命之前，纯正的达尔文模式难以占据进化论思潮的主流，而科学与神学妥协的可能性依然存在，华莱士于是"顺应"时代潮流地开始打造他的灵学进化论。

---

① Oppenheim, *The Other World: Spiritualism and Psychical Research in England, 1850–1914*, London, New York, New Rochelle, Sydney and Melbourne: Cambridge University Press, 1985, pp. 300–301.

② 潘涛：《灵学：一种精致的伪科学》，博士学位论文，北京大学，1998年，第2—4页。

而从现代唯灵论运动在当时的发展势头来看，也不该将华莱士参与其中的灵学研究简单归结为一股"伪科学"的逆流。灵学家在当时的文化地位并不低，华莱士与其结交不能算是盲目的冒险行为。某种意义上，在接受唯灵论世界观与从事灵学活动的过程中，华莱士不仅获得了文化支持，还获得了发展进化论的思想资源。至少对于灵学家群体及唯灵论信众而言，因为华莱士的"跨界"工作，达尔文主义可能变得更容易理解或更值得支持，在一定程度上有利于其传播普及。尽管灵学进化论方案的必要性与可行性在综合进化论取得胜利的今天看来已经难以想象，但它在当时的历史条件下萌生出来却是不无理由的。从华莱士的成长成才经历来看，接受唯灵论并将它融入进化论也符合当时情境中他本人思想发展的一贯逻辑。

第二章　华莱士的"进化"之路

在科学逐渐取代宗教成为社会主流文化的时代里，华莱士同时接受了两种流行在平民中的新思想：进化论与唯灵论。进化论代表着新科学对宗教的挑战，唯灵论则体现着旧科学对宗教的挽留。华莱士在二者之间寻找到自己满意的平衡点，以此走出自然选择学说造成的两难困境。在成长为科学英雄之前，他先是接受了欧文（Robert Owen）的乌托邦主义，投身进化论事业后，又运用唯灵论将欧文主义与达尔文主义结合起来，像斯宾塞一样建构了一套从自然哲学到社会哲学的完整的思想体系。

华莱士最初的进化论研究是自发、独立进行的，1858年之后，他与达尔文的工作戏剧性地联合在一起。在"非达尔文革命"中，华莱士似乎是比达尔文更为典型的维多利亚人。华莱士很早就对传统教会的腐朽状况不满，在偶然触发达尔文革命之前，他是欧文主义的拥护者，对不公正的贵族特权制度深恶痛绝，有志于为平民争取平等的发展权利。他通过自学与业余采集活动获得作为一名科学学者的基本素质，又在钱伯斯《遗迹》的影响下接受了进化论。钱伯斯万物皆进步的进化论观点让华莱士看到平民通过奋斗打破固化的社会等级的新的理论依据，而且这种理论既可以是自然神学的，又可以是自然科学的，科学热情与乌托邦理想由此在他的内心相互交织。在华莱士研究成果的意外刺激下，达尔文提前推出他的《物种起源》并引起轰动。自然选择学说成功地掀开科学史的新篇章，也改变了华莱士原本平凡的命运。达尔文愿与他分享"原理"发现的优先权，使他一举成为科学界的一线人物，达尔文相对完善的学说也让他的进化思想在科学上迅速成熟，实现了"跨越式发展"。但华莱士的进步主义倾向却与达尔文的科学自然主义倾向发生了冲突，这让他在以进化论（尤其是反目的论的自然选择理论）为人类道德及社会公正提供科学辩护时感到力不从心。然而现代唯灵论让华莱士看到了调和矛盾的可能性，他的选择是：将灵学纳入自然科学，以此拓宽科学的研究范围与解释能力，进而修正科学自然主义的界限，使之与进步主义产生新的交集。当"自然"进化与"社会"进步的规律由统一的生物学理论贯穿起来，乌托邦的理想也获得了坚实的科学基础。于是通过涉足唯灵论，这位早年的土地测量员在知识领域开展了一项为科学重新划界的"勘察"工作。当时的灵学热潮刚好为此创造了良好的文化氛围。

第一节　思想启蒙与早期博物学研究

华莱士出生于英国威尔士的小镇阿斯克（Usk），他的父亲曾是一位绅士，但到他出生时家道已经败落下来。1836年年底，迫于家庭经济危机的压力，13岁的华莱士离开他读了7年的拉丁学校,到异乡投奔成年的哥哥自立谋生。① 正规的教育虽然中断,但华莱士一直坚持自学,在"社会"这所大学里接受思想启蒙,这段历练也为他此后的理论生涯定下了思想基调。辍学后华莱士先是在伦敦停留半年,与二哥约翰(John Wallace)一起住在一位建筑师家里做学徒。在当时的工人夜校"技工学会"(mechanics' institutes)中,华莱士受益颇多。在建筑工地上,兄弟二人结识了工人中一批曾参与乌托邦社会主义试验的欧文主义者。华莱士经常参加这些欧文主义者们的聚会,渐渐领会到欧文关于工人自主、社区互助合作等观念的合理性。在此期间他开始接触包括欧文在内的世俗主义者或怀疑主义者的著作,原来并不牢固的国教信仰开始动摇。在回忆录中华莱士回忆道:

> 就是在这儿,我初次了解到一些欧文的著作,尤其知道了他在新拉纳克(New Lanark)开展多年的出色而富有成效的工作。我还最早接受到关于怀疑论者言论的知识,读到像潘恩"理性的时代"这样的书。
>
> 一定是在这些书与论文之中,我读到了我敢说是关于邪恶起源的非常古老的悖论:"神能够阻止邪恶而不愿如此吗?那他就不是仁慈的。他愿意如此而不能够吗?那他就不是全能的。他既能够又愿意阻止邪恶吗?那么邪恶是从何而来的呢?"这些问题

---

① Slotten, *The Heretic in Darwin's Court: The Life of Alfred Russel Wallace*, New York: Columbia University Press, 2004, pp. 10–11.

第二章 华莱士的"进化"之路

对我触动很大,似乎无法得到回答。一两年后有一次回家时我找到机会向父亲提问,本以为他会为我了解这种异端文献而震惊,可他只是评论说这类问题是神秘莫测的,最有智慧的人也无法理解,并表现出不愿再讨论的样子。我对此当然是不满意的,如果讨论不能真切触碰神存在的问题,似乎说明传统观念中对神的本性及其能力的说法是不能被接受的。①

从这段文字中很容易看出,虽然华莱士对传统宗教心生疑惑,但他对神学真理的追求却是坚定不移的。此时欧文的儿子罗伯特·戴尔·欧文子承父业,又将斯威登堡的唯灵论思想引入欧文主义,对华莱士的影响也相当大。华莱士读到小欧文的小册子"论一致"("Consistency"),非常认同他对于教会"永罚"信条的批判:

我因此完全同意戴尔·欧文先生的结论:今日的传统宗教是堕落与丑恶的,唯一正确而充分有益的宗教应该服务于人道精神的教化,它唯一的信条应该是人与人之间的手足情谊。这奠定了我宗教怀疑主义的基础。②

可以将这种宗教怀疑主义看作华莱士一生理论建构的逻辑起点。他需要一种新宗教,因此当进化论在科学

---

① Wallace, *My Life*: *A Record of Events and Opinions*, Volume I, London: Chapman & Hall, 1905, pp. 87 – 88.

② Ibid..

上获得成功，他会进一步希望它成为沟通科学与神学的桥梁。例如在他之后关于人类进化的学说中，"进化"明确地包括身体进化、精神进化与道德进化三个方面，进化论除了要解释人类的自然由来，还要解释道德的社会由来，如同"社会达尔文主义"一样为特定伦理秩序的合法性提供"科学"支持。

研究者克莱耶斯（Gregory Claeys）认为："与罗伯特·欧文及欧文主义的联系贯穿着华莱士漫长一生的大部分时间"[①]，他将欧文主义对华莱士的影响归纳为七条：

（1）对教育大多数人达到更高水平这一核心愿望的关注。

（2）对女权主义的强调。

（3）对环境塑造人性的研究。

（4）对社会主义家长制管理的研究。

（5）对共产主义的普遍拥护，以及对集权主义的理解。

（6）接受世俗主义（secularism），随后以唯灵论取而代之。

（7）接受新马尔萨斯主义（neo-Malthusianism）。[②]

在华莱士整个思想体系建成之后，这些影响集中体现在他的社会哲学观点之中。史密斯指出："尽管查尔斯·赖尔《地质学原理》（*Principles of Geology, Being an Attempt to Explain the Former Changes of the Earth's Surface*,

---

① Claeys, "Wallace and Owenism", *Natural Selection and Beyond: The Intellectual Legacy of Alfred Russel Wallace*, eds. Charles H. Smith and George Beccaloni, New York: Oxford University Press, 2008, p. 236.

② Ibid., p. 259.

by Reference to Causes Now in Operation）与罗伯特·钱伯斯《创世的自然史遗迹》在 1844 年或 1845 年对华莱士的重大影响已经为他的每一位研究者所注意，但鲜为人知的是，在此之前的许多年里，他已经接受了一种非生物学性质的进化观念。"这种观念借鉴了欧文主义对社会正义的理解，使华莱士关注信仰与"正当理由"（just cause）之间的联系，进而探求"吸收、应用一种多样性知识的内在优势"。[①] 华莱士在这一时期已经认识到，人类社会的进步必须建立在正确的信仰（或信念）基础之上，正确的信仰应该以可靠的知识为基础，而知识的多样性有助于人们选择出最可靠的信仰基础，最终促进个人的智识进化与整个社会的道德进化。华莱士保留下来的最早的文章是 1843 年的一篇演讲稿，题目就叫《多样性知识的优势》（"The Advantages of Varied Knowledge"），文中宣扬了一种类似于通才教育的知识观。结尾处，华莱士展望了人类社会通过知识积累而进步的美好前景：

> 难道不是这样吗？——作为具有如此高能力的智性存在（intellectual beings），我们每个人都应该获得从前几代人所传授给我们的知识，这样，我们将能够找到机会在留给后代的文化遗产上添加一点哪怕是很小的新东西。这样我们不是会感到满足吗？——我们通过文化提高我们的能力，这使我们与野兽判然分别，也使我们的天赋不至于在无所事

---

① Smith, "Wallace's Unfinished Business", *Natural Selection and Beyond: The Intellectual Legacy of Alfred Russel Wallace*, eds. Charles H. Smith and George Beccaloni, New York: Oxford University Press, 2008, p. 342.

事中荒废。最终，不容置疑的，在这个世界上尽其所能地提高我们的高贵本性，我们将更好地适应并享受未来可能为我们所预备的崭新的一切。①

1837年夏天，华莱士离开伦敦，到贝德福德郡（Bedfordshire）跟随大哥威廉（William Wallace）学习土地测绘技术，他的科学历程由此展开。华莱士先是成为一名土地测量员，后又成为一名职业博物学家。土地测量员整日工作在野外，置身于奇妙的自然界，华莱士渐渐对丰富多样的野生植物产生了浓厚的兴趣。最初他甚至不知道还有"系统植物学"这门博物科学，但在一次偶然的机会下，他目睹别人发现一种稀有品种的水晶兰（Monotropa）并叫出学名时的情景，不禁被深深打动：

> 我想，当你发现一种稀有植物时，知道它的名字该是一件多么美妙的事情。然而，我甚至不知道有一种专门描述英国植物的书籍，而且除了化石，我哥哥似乎也对本地的动植物不感兴趣，所以这种求知欲一直被压抑到几年以后。②

1841年，华莱士得到了一本由"有用知识传播学会"（the Society for the Diffusion of Useful Knowledge）出版的植物分类手册，这本小册子唤起了他的博物学研究热情。按照书中的指导，华莱士开始了解植物的生物学

---

① Wallace, *My Life: A Record of Events and Opinions*, Volume I, London: Chapman & Hall, 1905, p. 204.

② Ibid., p. 111.

第二章 华莱士的"进化"之路

特征与分类标准,并在工作的空闲里尝试辨认花草与采集标本,很快就能对各个品种进行系统归类。随后他又勉强买下一本林德利(John Lindley)所著的《植物学基础》(*Elements of Botany*)作为进阶教材。接下来是劳登(John C. Loudon)的《植物百科全书》(*Encyclopaedia of Plants*),这本书最为实用,但清贫的华莱士已无力购买,只得向书店借来,将各种本地植物的种属名及描述信息抄写在《植物学基础》的空白处或者另附纸张,再拿到自然界中对照着辨认一番:

> 这对于我是非常有趣也相当新鲜的经历,虽然会遇到一些情况,不能决定我的植物在两三个种之间的确切归属,但相当多数的已经可以毫无疑问地确定了。[1]

植物学研究的热情随后为甲虫研究所取代。甲虫世界为华莱士涉足进化理论打开了第一扇大门。1844年,英国圈地运动接近尾声,而随后铁路建设的狂潮尚未到来,测量业暂时进入萧条期。华莱士离开哥哥到莱斯特(Leicester)谋到了一个教职,教授测绘、初级英文阅读写作以及算术。在莱斯特图书馆,华莱士结识了同样自学成才的贝茨,即后来"贝茨拟态"的发现者,当时他是一名学徒,也是一位业余昆虫爱好者并在莱斯特有一群志趣相投的博物学家朋友。贝茨出色的甲虫研究令华

---

[1] Wallace, *My Life: A Record of Events and Opinions*, Volume I, London: Chapman & Hall, 1905, p.194.

莱士耳目一新：

> 他带我看他的收集，我惊奇地发现甲虫的数量如此巨大，种类如此多样，具有如此奇异的外形与漂亮的色泽。更令我吃惊的是，我发现我所见过的莱斯特周边的种类几乎都被采集到了，而原来那里仍然有好多未知的种类有待我去发现。①

在贝茨的影响下，华莱士开始系统研究甲虫。1847年，因为发现一只罕见的虎皮斑金龟（*Trichius fasciatus*），他的名字第一次出现在《动物学家》杂志上。② 根据哈佛大学比较动物学博物馆研究者贝里掌握的数据，全世界甲虫的种类占所有已命名物种数量的四分之一，有学名的甲虫约有350000种，鸟类约有10000种，哺乳动物只有5400种。目前在自然界发现鸟类与哺乳类新种的空间已经不大，而甲虫的种类还远远没有被博物学家穷尽。③ 对华莱士时代的博物学家来说，甲虫种类的多样性就如同哥白尼时代天文学家眼中行星轨道的复杂性，后者破坏了地心说的数学和谐性，前者则对相信物种不变的特创论构成潜在的威胁，是通达进化论的一条捷径。在博物学的黄金时代里，华莱士走上了这条捷径。凭借

---

① Wallace, *My Life*: *A Record of Events and Opinions*, Volume I, London: Chapman & Hall, 1905, p. 237.

② Berry, "'Ardent Beetle–Hunters': Natural History, Collecting, and the Theory of Evolution", *Natural Selection and Beyond*: *The Intellectual Legacy of Alfred Russel Wallace*, eds. Charles H. Smith and George Beccaloni, New York: Oxford University Press, 2008, p. 52.

③ Ibid., p. 51.

与达尔文同样出众的系统综合能力与充分的田野考察经验，华莱士在暗流涌动的进化论思潮中找到了方向，并向着达尔文已于1838年发现的同一个答案靠近。钱伯斯的《遗迹》在这时风行开来，适时地将华莱士的博物学研究引上了进化论的轨道。在科学研究与谋求生计之间，华莱士找到了一个平衡点：成为职业博物学家，赴热带探险，采集标本然后出售。两次热带之旅最终成就了生物学史上的重大发现。

第二节　发现自然选择

1845年大哥威廉意外离世，华莱士辞去收入微薄的教员工作，接手他留下的生意重新做回土地测量员。此时市场形势开始好转，二哥约翰也加入进来，但他在业余从事的博物学活动并没有因此中断，他与贝茨之间也一直保持着联系。正是在这一时期，华莱士读到钱伯斯的《遗迹》，热情地接受了书中的进化观念，他的博物学实践也由此获得了全新的理论指导。在1845年11月9日写给贝茨的信中，华莱士询问道："您读过《创世的自然史遗迹》这本书吗？还是它不在您的阅读范围之内？"[1] 在12月28日的下一封信中华莱士又谈论道：

> 看来我比您更为欣赏《遗迹》。
> 我认为它并非匆忙概括的产物，倒是一种天才

---

[1] McKinney, "Wallace's Earliest Observations on Evolution: 28 December 1845", *Isis*, Vol. 60, No. 3, Autumn 1969, p. 372.

的假说，能够得到一些惊人证据及类比的有力支持，但还有待更多的证据来证明，未来的研究会投射更多的光芒到这一领域。无论如何，它为每一位自然的观察者提供了关注的课题：他们观察到的每一事实都必将支持它或者反对它，由此为采集提供激励，也为应用这些采集到的事实提供目标。

我观察到许多杰出作家都极为支持动植物物种进步式发展的理论，与此课题直接相关的是一项非常有趣的哲学工作。[1]

这是华莱士首次对进化论发表看法，也是他独立探索的开端。华莱士认同进步式进化的观点，但并不满足于仅仅对进化过程做自然神学的解释，他要为进化论确立的是一个博物学的新起点。在自传《我的一生》中，华莱士回忆到当初受钱伯斯影响的情况：

从我早年写给贝茨的信中的片断可以充分地看出，物种起源的大问题已经在我的脑海里清晰呈现，但我不满足当时多少显得模糊的解决方案。我相信《遗迹》中清楚阐释的通过自然法则进化的观念，就其当时达到的程度而言是正确的。我也坚信对自然事实更充分、更仔细的研究将最终解开这一谜题。[2]

---

[1] McKinney, "Wallace's Earliest Observations on Evolution: 28 December 1845", Isis, Vol. 60, No. 3, Autumn 1969, p. 372.

[2] Wallace, *My Life*: *A Record of Events and Opinions*, Volume I, London: Chapman & Hall, 1905, p. 257.

第二章 华莱士的"进化"之路

在晚年的另一部著作《奇妙的世纪》中,华莱士也曾提及自己沿着《遗迹》指出的方向走上科学之路的经过:

> 我还清楚地记得《遗迹》的出版所带来的那种兴奋,还有我读它时的如饥似渴。虽然我认为它并没有真正提出一种关于物种变化过程的解释,但它关于变化的观点——变化不是通过不可思议的过程,而是通过可知的法则与繁殖的过程实现的,深深地打动了我,并且使我迈出了通向更复杂、更具解释力的理论的第一步。[①]

成为一名进化论者之后,华莱士开始在博物学领域寻求更大的发展。当他读到洪堡(Alexander von Humboldt)、达尔文等前辈远洋科考的游记,顿时心生向往,决定寻找机会到热带探险,这样一来可以采集到珍稀而多样的生物标本,二来也可以求证《遗迹》中的进化假说。华莱士提议贝茨与他同去,贝茨也同意了。贝茨后来在他的亚马逊游记中曾提到此事:

> 1847年秋天,A. R. 华莱士先生建议我与他一道赴亚马逊河探险,考察两岸的博物学状况。这项计划可以让我们自己采集标本,同时将副本拿到伦敦出售以支付费用,并收集事实——正如华莱士在

[①] Wallace, *The Wonderful Century. Its Successes and Its Failures*, New York: Dodd, Mead and Company Publishers, 1898, p. 137.

一封信中表达的那样："为了解决物种起源的问题。"这是一个我们当时经常谈论并为之相互通信的话题。①

当时恰逢爱德华兹（William Henry Edwards）的《亚马逊河之旅》（*A Voyage up the River Amazon*：*Including a Residence at Pará*）问世，书中描述了如何在有限的经济条件下在亚马逊盆地生活并进行博物学研究，以及如何出售采集到的标本，为华莱士与贝茨提供了宝贵的行动指南。他们联系到标本生意的经纪人史蒂文斯（Samuel Stevens），经过一番准备与训练，他们按计划乘船前往南美。经过29天的航行，华莱士与贝茨于1848年4月26日到达帕拉（Pará），开始了职业博物学家的探险生涯。②

本来通过多年的甲虫采集，二人已经锻炼出敏锐的观察力与过硬的分类功夫，此时大获用武之地。贝里认为，甲虫对于华莱士就像雀鸟对于达尔文一样，都是由生物多样性通达进化现象的绝佳材料。③ 首先成熟起来的是华莱士的生物地理学意识。亚马逊河及其支流内格罗河流域都是欧洲人绝少涉足的神秘地带，从踏上南美大陆开始，华莱士就想到制作一份新奇物种与栖居地点相

---

① Bates, *The Naturalist on the River Amazons*. 2 vols, London：John Murray, 1863, p. iii.

② Slotten, *The Heretic in Darwin's Court*：*The Life of Alfred Russel Wallace*, New York：Columbia University Press, 2004, pp. 42 – 45.

③ Berry, " 'Ardent Beetle – Hunters'：Natural History, Collecting, and the Theory of Evolution", *Natural Selection and Beyond*：*The Intellectual Legacy of Alfred Russel Wallace*, eds. Charles H. Smith and George Beccaloni, New York：Oxford University Press, 2008, p. 54.

对应的详细目录,他相信这会引起国内博物馆界以及博物学爱好者们的极大兴趣。在探险途中,华莱士认真记录下每一标本的发现时间与地点,他将这些与标本的品种信息一道看作是收集到的完整的"事实",用以支持自己对"物种起源问题"的进一步研究。热带丛林中复杂的博物学现实令他震惊,生物物种无论在多样性方面还是在地理分布上都远远超出了《遗迹》等书斋作品中的主观想象。华莱士南美之旅的最大成果之一,是通过"把握每个确定物种界限的机会",发现了天然屏障决定物种界限的规律性。他在论文中提出了"河流屏障假说",指出在生态环境相同的河流两岸往往分布着不同的生物物种,并以此将亚马逊河及其两条支流所隔离开的地区划分为四个不同的生物区域。①

在亚马逊丛林漂泊的四年,除了在史蒂文斯的帮助下发表信件节选外,华莱士还发表了他的第一篇正式论文:《论伞鸟》("the Umbrella Bird (*Cephalopterus ornatus*),' Ueramimbé,' L. G.")。为了寻找《遗迹》中进化理论的进一步证据,华莱士考察了不同伞鸟的栖居地情况,并尝试确定其可能的亲缘物种。在南美考察的基础上,华莱士于1852年到1854年回国期间一连贡献出六篇论文与两部专著,虽未在探索进化机制方面取得突破,但文中不难看出对于进化论的关注与思考。例如在《亚马逊流域蝴蝶的习性》("On the Habits of the Butterflies of the Amazon Valley")一文中,华莱士讨论道:

---

① Wallace, "On the Monkeys of the Amazon", *Proceedings of the Zoological Society of London*, 1852, p.110.

> 所有这些种群都繁衍出极多的亲缘种，以及有着最为有趣的特征的变种，并且它们经常分布在固定的区域。如同有理由相信亚马逊下游河岸是南美大陆新近形成的部分，我们有相当的把握认为那些专属于这一区域的昆虫也是最年轻的物种，处在动物形态一系列漫长演变的最后阶段。①

这显然是在为进化事实寻求生物地理学的证据支撑，就科学性而言已经超越了钱伯斯神学外衣之下的思辨论证。田野考察对博物学研究的促进效果显著，然而探险家的生涯却是充满危机的。华莱士与贝茨只搭档了四个月就在亚马逊丛林中分道扬镳，原因不详。1849年6月，弟弟赫伯特（Herbert Edward Wallace）赶来加入华莱士的探险事业，但他在博物学兴趣与采集能力上都不及哥哥。1850年8月华莱士北上内格罗河，赫伯特辗转返回帕拉准备回国，在这里他遇见了落难的贝茨，贝茨连鞋子都被助手洗劫而去。1851年6月，就在赫伯特启程之际，热带黄热病突然发作，贝茨在他身边悉心照料，也跟着病倒了。贝茨最终康复，但赫伯特还是被病毒夺去了生命。1852年7月12日，历尽艰险的华莱士终于从南美返航，但途中他乘坐的"海伦号"突然起火继而沉没，珍贵的标本和四年来的手稿几乎都毁于一旦。华莱士与其他人在救生艇上惊心动魄地漂流了十天，被经过的"乔丹森号"救起，但这条船在安全性和物资储备方

---

① Wallace, "On the Habits of the Butterflies of the Amazon Valley", *Transactions of the Entomological Society of London*, 1853, p. 258.

面也存在着严重的问题。10月1日,九死一生的华莱士终于回到了英国。

经过海外四年的磨炼,华莱士成长为博物学界的专业人士。除了积攒下丰富的标本采集及野外生存经验,他的进化思想也在生物地理学的正确路线上日趋成熟。海难中的损失令他感到遗憾,遂酝酿下一次的探险计划。调整两年后,华莱士再度出海,于1854年4月20日抵达新加坡,开始了为期八年的马来群岛之旅。出于利润的考虑,这一次他的采集目标主要集中在性价比比较高的鸟类、蝴蝶、甲虫与陆贝壳上,而对植物与大型动物的注意力有所降低。当地的鸟类成为他平衡"科学"与"经济"目标的首选,400只鸟类标本可以卖出500镑的高价,另外"鸟类科、种、属的分布模式也极其复杂,在华莱士进化主义生物地理学的理论化方面扮演着重要角色"[1]。华莱士在马来群岛差不多有一半的时间都用在了寻找天堂鸟上,他力求集齐所有的种类,在这一过程中获得了关于物种自然栖居地的丰富资料。4000只昆虫可以卖到200镑,也是不错的选择,而且在把握其生物学差异及地理分布特征方面更见真功夫,是华莱士发展进化思想最主要的经验基础之一。[2] 华莱士长年生活在野

---

[1] Fagan, "Theory and Practice in the field: Wallace's Work in Natural History (1844–1858)", *Natural Selection and Beyond: The Intellectual Legacy of Alfred Russel Wallace*, eds. Charles H. Smith and George Beccaloni, New York: Oxford University Press, 2008, p. 73.

[2] Berry, "'Ardent Beetle-Hunters': Natural History, Collecting, and the Theory of Evolution", *Natural Selection and Beyond: The Intellectual Legacy of Alfred Russel Wallace*, eds. Charles H. Smith and George Beccaloni, New York: Oxford University Press, 2008, pp. 57–58.

外，足迹遍布了美洲、亚洲与大洋洲的原始区域，来自观察经验的"物种数据库"也格外壮观。同样重要的是基础理论方面的系统升级。在马来群岛考察期间，华莱士身边一直带着赖尔第四版的《地质学原理》，考察笔记中也记录着他对赖尔观点的反复思考。[①] 赖尔的均一论在早些年前曾为达尔文铺平通向自然选择原理的道路，如今华莱士也沿着同样的方向走来。

赖尔均一论是对赫顿（James Hutton）均一论的继承与发展，正如《地质学原理》的副标题强调的那样，均一论地质学"尝试用现在起作用的原因解释地球表面从前的变化"。言外之意，这样的地质学纲领将反对在研究中引入特创论的超常因素。但赖尔本人起初并未接受进化论，并且在接受进化论之后继续在人类及人类道德起源的问题上为特创论开后门。这一阶段华莱士推进研究的得法之处在于：他接受《地质学原理》中的均一论方法，又以赖尔非进化论的"物种引进"观点作为靶子，以己之矛攻己之盾。这时他通过实地考察发现的亲缘物种地理分布规律，就可以一方面作为进化论的证据，另一方面作为非进化论的反证。从当时的笔记中可以看出，华莱士渐渐把握到了问题的关键：

> 赖尔坚持认为，通过外部环境改变，一个物种不可能转变为另一个物种，因为当环境发生改变时，已

[①] Beddall, "Wallace, Darwin, and the Theory of Natural Selection: A Study in the Development of Ideas and Attitudes", *Journal of the History of Biology*, Vol. 1, No. 2, Autumn 1968, p. 271.

经适应这种新环境的物种就会前来替换掉原来的物种。但是这意味着，这种物种更替将是急速而非渐进的。①

如此，他所需要特别留意的，就是物种与栖居地之间生态关系变动的渐变性或突变性：如果是渐变的，特定栖居地的物种与邻近地区的物种将普遍具有亲缘性，即生物的地理分布是连续性的；如果是突变的，特定栖居地的物种与邻近地区的物种将可能不具有亲缘性，即生物的地理分布是离散性的。在采集标本的途中，华莱士也搜集到越来越多物种连续分布的证据，这就支持了生态关系渐变性的假设，从而支持了物种进化的假设。1855年2月，身在马来群岛沙捞越（Sarawak）地区的华莱士着手阐发这一研究成果，写成《规律》一文，于当年9月发表在《自然史年鉴杂志》（*Annals and Magazine of Natural History*）上。文章首先回顾地质学的最新进展，在列举地理学与地质学上的一系列相关命题之后，提出了他所发现的生物地理分布与地质分布的一般规律，其后被学界称为"沙捞越律"：每一物种的出现在空间与时间上都对应着一个此前存在的亲缘物种。

这条规律在细节上概括了自然界物种分布的有序性，实际上也已经得出一幅静态的进化树图景。这对于承认自然界发生了进化的事实是一种极大的支持，并且将进化的自然机制问题推到了眼前。在《规律》中，华莱士刻画了

---

① Brooks, *Just before the Origin: Alfred Russel Wallace's Theory of Evolution*, New York: Columbia University Press, 1984, p.42.

生物谱系的树状结构：

> 物种是那样繁多，形态与结构的改变又如此不同，大量的物种都有可能作为现存物种的原型物种，如此造成了一系列繁复的亲缘线分支，像老橡树的嫩枝或人体血管系统一样错综复杂。①

这种以现象观察作为基础的科学推理，已经具备推动进化论革命的理论潜质，可以将《遗迹》中诉诸超自然因素的平行进化模式改造成纯粹自然力作用下的歧化进化模式。只是此时华莱士还没有找到形成自然歧化的（自然主义、均一论意义上的）动力机制，距离自然选择原理只有一步之遥。《规律》发表后引起了国内同行的注意，伦敦地质学会主席哈密尔顿（William J. Hamilton）曾在1856年2月15日的一次发言中评论道：

> 我务必推荐你们关注阿尔弗雷德·华莱士先生发表的关于制约新种引进规律的论文。华莱士先生是一位具有非凡才干的博物学家，他在南美及各地的旅行充分证明了这一点。此时他正在婆罗洲的沙捞越地区写作，经过认真的考察，并且了解到现有动物形态的精确分布，以及在地质世代更替中生物形态渐进而彻底的更新，他推导出以下规律：*每一物种的出现在空间与时间上都对应着一个此前存在的亲缘物种，这是*

---

① Wallace, "On the Law Which Has Regulated the Introduction of New Species", *Annals and Magazine of Natural History*, Vol. 16, 2nd Series, September, 1855, p. 187.

最重要、最值得地质学家仔细研究的问题之一。（斜体为原文所加）①

《规律》发表之后，华莱士开始与达尔文建立通信联系。达尔文在信中承认两人想法接近，并感叹自己研究物种与变种彼此异化的问题已有 20 年，但表示可能短期之内不会推出相关专著。达尔文又告诉华莱士赖尔与布莱斯（Edward Blyth）都曾提醒他关注《规律》一文，但自称他在这方面的研究比华莱士走得更远，而未进一步透露自己学说的具体内容。② 然而华莱士的进展很快，出乎达尔文的意料。在 1858 年 1 月 4 日的信中，华莱士向仍在美洲的贝茨谈到自己的计划：

> 我很荣幸收到达尔文的信，信中说他同意我文章的"几乎每一个字"。现在他准备出版关于变种与物种的巨作，20 年来他一直在收集资料。如果证明自然界物种与变种的起源没有差别，那么他可以省去我写作假说第二部分的麻烦。如果他得出另一结论，我就麻烦了，但无论如何这将对我的工作有所促进。您与我的采集也将提供最有价值的材料，用来揭示与证明这一假说的普适性。③

---

① Smith, "Wallace, Spiritualism, and Beyond: 'Change', or 'No Change'", *Natural Selection and Beyond: The Intellectual Legacy of Alfred Russel Wallace*, eds. Charles H. Smith and George Beccaloni, New York: Oxford University Press, 2008, p. 421.

② Marchant, ed., *Alfred Russel Wallace: Letters and Reminiscences*, Volume I, London: Cassell, 1916, p. 130, p. 132.

③ Ibid., p. 66.

结果就在 1858 年 2 月，华莱士的这项工作取得了突破性的进展。在马尔萨斯（Thomas Malthus）人口理论的启发之下，华莱士想到生物在生存斗争（struggle for existence）中的优胜劣汰可能正是进化树分支形成的动力来源——中间亲缘物种的灭绝使原本同属一个物种的两个变种分化成为两个不同的物种。就这样，华莱士与达尔文不谋而合地发现了解释物种起源的自然选择原理。但对于马尔萨斯对华莱士的启示，研究者摩尔（James Moore）有不同看法。他指出华莱士最早谈及此事是在事后十年的一封信中，而在当时并没有留下相关记录，说明"华莱士的马尔萨斯瞬间是可塑的，在现存的文献记录中它的原貌依然不甚分明，还有重新解读的余地"①。摩尔本人的解读则是：马来群岛土著居民的贫苦生活，使华莱士联想到自己家乡威尔士的农民挣扎在社会底层的悲惨状况，然后他像达尔文一样，从社会不平等这一点出发，将人口理论中生存斗争的逻辑由人类社会推广到生物世界，从而得到了自然选择的答案。只根据华莱士本人回忆文字的"孤证"，确实不能完全排除他在事后有意与达尔文"统一口径"或在发现过程的细节上人为雕琢的可能性。但从华莱士此前的工作进展来看，他的说法是合乎逻辑的。麦金尼在华莱士的原始文献中定位出四处涉及"马尔萨斯瞬间"的段落，其中记述的内容基本一致，都指出《倾向》中的核心观点受到马尔萨斯主

---

① Moore, "Wallace's Malthusian Moment: The Common Context Revisited", *Victorian Science in Context*, ed. Bernard Lightman, Chicago & London: University of Chicago Press, 1997, p. 294.

义的直接影响。[①] 相对而言，或许达尔文的表现才是华莱士事件中更为敏感的问题所在。

第三节　华莱士事件

华莱士在自传中详细回顾了1858年灵感来临时的一幕，同时也重温了他在第一时间领悟到的自然选择的真谛：

> 当时，我正遭受着间歇热（intermittent fever）的猛烈袭击，每天在忽冷忽热打摆子期间只能一躺就是几个小时。这段时间我无事可做，只好想想眼下一些特别感兴趣的问题。一天，某件事使我回想起马尔萨斯的"人口原理"，大约十二年前我曾读过它。我想着他清晰阐述的"增长的积极抑制（the positive checks to increase）"——疾病、事故、战争、饥馑——这些因素将野生种族的数量控制在比更文明的人类低得多的平均水平。我的脑中闪现出：这些及其他类似因素也是在连续不断地作用于动物；而正如动物比人类的繁殖速度快得多，既然它们明显没有逐年增加，以至在很久以前世界上就挤满了其中的繁殖最快者，那么为控制各个物种的数量，其每年因此类原因而毁灭的规模必然是巨大的。迷迷糊糊地思考着其中隐含的大量而频繁的毁灭，突然一个问题闪过：为什么有些动物

[①] McKinney, *Wallace and Natural Selection*, New Haven and London: Yale University Press, 1972, p. 82.

死去而有些动物活下来？答案是清楚的：总的来说，最适应的活了下来。最健康者逃过疫病；最强壮、最敏捷或最机灵者逃过天敌；最好的猎手或消化功能最好的个体逃过饥荒。这时突然一道灵光闪过，这些自然过程必将*提升种族*（improve the race，原文斜体），因为每一代中弱者都必然被杀掉而强者幸存——就是说：*适者生存*（the fittest would survive，原文斜体）。这时我仿佛立刻看到了一切：海陆位置，或气候，或食物供应，或天敌的变化——我们知道这些变化一直在发生——而且考虑到作为一名采集者我见识过的大量个体变异，我顿时想到：所有物种适应的必要变化都将出现；而由于环境变化通常缓慢，每一代都有足够的时间实现适者生存。这样，动物身体的每一部分都能变得如同浑然天成，而在此过程中的不变者将灭绝，如此便可解释每种新物种的特定性状与明显的地理隔离。我越想越相信我是最终找到了梦寐以求的解决物种起源问题的自然法则。在下一个小时里，我思考了拉马克以及《遗迹》作者理论的不足，看到我的新理论补充了这些观点并克服了重大困难。我焦急地等待"摆子"停下来，好立刻把这些记下来写成论文。当夜我做足笔记，又在接下来的两夜里用心成文，以便赶上一两天内出发的下一班邮轮寄给达尔文。①

---

① Wallace, *My Life: A Record of Events and Opinions*, Volume I, London: Chapman & Hall, 1905, pp. 361–363.

第二章 华莱士的"进化"之路

这篇论文就是《倾向》。随论文手稿一道寄出的还有一封信，信中华莱士希望文中观点对达尔文来说也是新奇的，并可为解释物种起源提供关键的缺环。邮件顺利地寄到唐屋别墅（Down House），直接激起了达尔文内心的波澜，间接引发了一场哥白尼级别的科学革命。达尔文读过论文之后决定尽快发表苦心经营20年的自然选择学说，于第二年年底出版了《物种起源》。这就是科学史上著名的"华莱士事件"[①]。由于二人观点接近，华莱士又成文在先，难免引起优先权的争议。特别是由于达尔文并未保留华莱士当时的信件原稿，收件日期出现模糊，成为日后一些学者为华莱士做"翻案文章"的切入点。但从当时华莱士的通信记录中可以看出，对于这一成果的打响以及与达尔文的"会师"，华莱士还是喜出望外的。在1860年12月24日写给贝茨的信中，华莱士谈到对《物种起源》的欣赏以及对达尔文工作的钦佩：

> 我不知该如何，又该向谁来尽情吐露我对达尔文这本书的赞美之情。跟他说，会像是在拍马屁，对别人说，又像是在自吹自擂；但我真诚地相信无论我在这一课题上的工作与实验多有耐心，我也绝不能像他这样完成一本书，拥有大量的证据积累，令人折服的论证，以及可敬的语气与灵性。我是真的庆幸不是交由我来把这理论带给世界。达尔文创造了一种新科

[①] Mayr, *The Growth of Biological Thought: Diversity, Evolution, and Inheritance*, Boston: Harverd University Press, 1982, pp. 423-424.

学，也创造了一种新哲学；而我相信从来没有单个人的劳动与研究像这样为人类知识完整呈现了一个新的分支。也从没有如此大量的广泛且至今还很不相关的事实被整合到一个体系之中来，而用来支撑创建起这样壮观、崭新而简单的哲学。①

那么，事件过程中达尔文本人的反应如何呢？今天我们可以在达尔文的信件及第一版的《物种起源》中找到线索。1858年达尔文在收到华莱士的来信与手稿之后，曾几次与科学界好友赖尔及胡克通信商量对策，在一封只标有"18日"的写给赖尔的信中，达尔文首次谈到华莱士寄来论文一事。这封信也是"达尔文阴谋论"专家的突破口所在。麦金尼考证出华莱士可能于1858年3月9日从马来群岛寄出邮件，约在10个星期后，也就是5月18日左右到达伦敦。而另有一封华莱士写于3月2日并于6月3日到达伦敦的信被保存下来，亦可佐证达尔文收信日期有可能早于6月18日。② 而布鲁克斯通过分析伦敦邮政总局保存的档案记录，估算出华莱士邮件到达唐屋别墅的真实时间是1858年5月28日或29日。③ 比较麻烦的是，达尔文在6月12日完成了《物种起源》中关于歧化原理的写作，并认为歧化

---

① Wallace, *My Life: A Record of Events and Opinions*, Volume I, London: Chapman & Hall, 1905, p. 374.

② Shermer, *In Darwin's Shadow: The Life and Science of Alfred Russel Wallace: A Biographical Study on the Psychology of History*, New York: Oxford University Press, 2002, p. 129.

③ Brooks, *Just before the Origin: Alfred Russel Wallace's Theory of Evolution*, New York: Columbia University Press, 1984, p. 256.

原理与自然选择原理一道构成了全书的"两大基石"。[1] 然而歧化原理恰恰是与《倾向》内容最为相关的理论部分。但关键性的证据还是缺乏的,学界一般认为此日期为6月18日,信中达尔文写道:

> 大概几年前,您推荐我读《年鉴》杂志上华莱士的文章,当时您对它很感兴趣,而我正与他通信,知道这会让他非常高兴,就告诉了他这件事。今天他又寄来了文章和信,请我转交文章给您。我认为它非常值得一读。然而您的话报复性地成为现实,我被人抢先一步了。当初我向您简单解释基于生存斗争的"自然选择"观点时,您就说过可能会这样。我从未见过如此惊人的巧合。如果华莱士有我1842年写作的手稿,他也不可能写出一篇更好的摘要来!甚至他的用词都成了我现在的章节标题。请寄回这手稿,他并没有说希望我发表它,但我当然会立刻写信向任何一家杂志推荐它的。这样,虽然我的书不会受到影响,如果它还有什么价值的话,但我的一切原创性,连同提出这理论过程中的一切劳动,无论它意味着什么,都被粉碎了。我希望您赞赏华莱士的手稿,我也许会把您的话向他转达。[2]

达尔文当时的复杂心理在字里行间依稀可见。出于对

---

[1] Shermer, *In Darwin's Shadow: The Life and Science of Alfred Russel Wallace: A Biographical Study on the Psychology of History*, New York: Oxford University Press, 2002, p. 133.

[2] F. Darwin, ed., *Life and Letters of Charles Darwin, Including an Autobiographical Chapter*, Volume II, London: John Murray, 1887, pp. 116 – 117.

错失优先权的担忧，达尔文几乎无心与赖尔讨论华莱士文章的内容，而只是暗示赖尔帮他主持公道。6月25日第二封信中，达尔文也只是非常简要地对比了自己与华莱士的成果：

> 华莱士的草稿中没有什么是我没有在草稿中更充分得多地展开的，它们在1844年抄写出来，十几年前由胡克审读过。一年前，我寄了一份留有复本的短文给阿萨·格雷说明我的观点，（我们在多个问题上通信）所以我能最真实地证明说我没有从华莱士那里获取任何东西。……如果我能体面地出版，我会说明现在我急于发表一个草稿，是因为华莱士寄来了包含我大致结论的提纲。（如果我能被允许这样说，如同听取了您很久以前给的建议，我会很高兴的）我们的区别只在于：我是从对驯化动物的人工选择中得到的结论。[①]

从这封信可以看出，一方面达尔文确信自己的研究成果远比华莱士完善，但另一方面他也认为（或至少他认为别人会认为）华莱士的观点与自己的学说观点大体一致，他考虑更多的还是优先权问题上可能出现的纠葛，而非学术问题上的争议。第二天达尔文在这封信的附笔中又加了一段，担心华莱士会这样质问他：

[①] F. Darwin, ed., *Life and Letters of Charles Darwin, Including an Autobiographical Chapter*, Volume II, London: John Murray, 1887, pp. 117–118.

第二章 华莱士的"进化"之路

你是因为收到我的信件才想到发表你观点的摘要,这样利用我直率的、虽然是主动透露的观点,来阻止我走在你前面,公平吗?[1]

达尔文的学说本来是领先的,但华莱士将他推到了一个非常尴尬的位置上。接下来一封6月29日给胡克的信中,因为遭逢幼子不幸夭折的打击,达尔文并未多谈华莱士论文,但他仍在尽力推动胡克"微妙的安排"——筹划保护自己优先权的临时发表事宜。7月1日,利用林奈学会为补选成员所召开的临时紧急会议,在达尔文与华莱士两人都不在场的情况下(达尔文尚未从哀痛中复原,华莱士仍远在马来群岛,对此事一无所知),赖尔与胡克临时撤换掉其他人的会议论文,组织报告了达尔文与华莱士的最新成果。报告内容依次包括:达尔文1844年230页手稿的摘要、1857年9月5日达尔文致格雷信中的"摘要的摘要",以及华莱士的论文《倾向》。赖尔与胡克在当时的报告中称:"我们并非只是考虑他本人与他的朋友的相对优先权,而更尊重一般意义上的科学兴趣。"[2] 该报告于8月20日正式发表在林奈学会的刊物上,标题为《论物种形成变种的倾向及论自然方式选择下变种与物种的保持》("On the Tendency of Species to Form Varieties; and On the Perpetuation of Varieties and Species by Natural Means of Selection")。1858年7月1日这一天一般被认为是现代进

---

[1] F. Darwin, ed., *Life and Letters of Charles Darwin, Including an Autobiographical Chapter*, Volume II, London: John Murray, 1887, p.118.

[2] Slotten, *The Heretic in Darwin's Court: The Life of Alfred Russel Wallace*, New York: Columbia University Press, 2004, pp.155-156.

化理论的诞生日。

风波过后，7月5日达尔文写信给胡克，除致谢外，他谈到了下一步的发表计划，并交代了写信通知华莱士事宜。① 7月13日致胡克信中，达尔文称赞了胡克写给华莱士的通知信，并对优先权的维护表示庆幸：

> 我对林奈学会上发生的事已经不只是满意了，我还以为，您的信跟我给阿萨·格雷的信一起将仅仅成为华莱士论文的一个附录了呢。②

7月18日达尔文写信给赖尔，为赖尔完美化解华莱士事件表示感激，并认为华莱士也会理解自己以及赖尔与胡克的处理方式。达尔文透露将尽快写出一部长篇摘要，希望赖尔与胡克继续对他给予支持：

> 我肯定，您与胡克名字的出现，以任何方式在我的工作上表现出哪怕是最小的兴趣，也将具有举足轻重的意义，指引人们不带偏见地思考这一主题。我是如此看重这一点，以至于几乎为华莱士的论文导致了这样的结果感到高兴。③

从这些信件内容中可以判断出，当时达尔文的注意力并没有放在华莱士论文的思路上，他对它的评估更多的是

---

① F. Darwin, ed., *Life and Letters of Charles Darwin, Including an Autobiographical Chapter*, Volume II, London: John Murray, 1887, pp. 126 – 127.
② Ibid., p. 128.
③ Ibid., pp. 129 – 130.

出于一种非学术的考虑，因此难免会出现偏颇（且不论达尔文也有可能有意如此）。那么，在接下来发表的《物种起源》第一版中，达尔文是怎样理解或运用华莱士"共同发现"的成果的呢？答案也许是出人意料的。根据布鲁克斯的考证，在 1859 年 11 月 24 日出版的"长篇摘要"——《物种起源》中，达尔文只有三次提到华莱士，第一次是在绪论中，达尔文简述了促成本书问世的"华莱士事件"，指出：

> 他现在在马来群岛研究博物学，在物种起源问题上已经几乎精确地得到了与我相同的大致结论。①

第二次是在第十一章"地理分布"中，达尔文略微讨论了华莱士 1855 年《规律》中的观点：

> 这种某地区与另一地区间物种相关性的观点，与新近华莱士先生在一篇天才论文中提出的观点相差无几（他用变种（variety）一词来表示物种（species）），在文章中他提到"每一物种的出现在空间与时间上都对应着一个此前存在的亲缘物种"。通过通信我现在知道了，他将这种巧合归之于发生变异的生物的世代更替。②

最后一次是在第十二章"地理分布（续）"中，达尔文

---

① Brooks, *Just before the Origin: Alfred Russel Wallace's Theory of Evolution*, New York: Columbia University Press, 1984, p. 217.

② Ibid., p. 218.

赞扬了华莱士的博物学工作为进化论寻找证据支持的贡献：

> 无疑有少数异形（anomalies）发生在这座大群岛上，依靠可能的人工驯化，在一些案例上形成判断还存在相当困难，但凭借华莱士先生令人钦佩的热忱与研究，我们很快将有更多光芒照亮这群岛上的博物学状况。①

可见，达尔文在受"共同发现"影响推出的著作中，也只是将华莱士的贡献处理成自己学说的一个附录或点缀，并且几乎没有提到《倾向》或其中的任何理论观点，华莱士成为他推出可能会引起争议的作品的开道者或者挡箭牌。由此看来，单就华莱士事件而言，华莱士对达尔文革命的影响主要还是外围的，达尔文革命的导火线确实是由他亲手点燃的，但此时他尚不足以独立地掀起这场思想浪潮。"共同发现"因此只能算是"传播史"意义上的事实，却是"思想史"意义上的神话。事件过后，华莱士成为了一名"达尔文主义者"，捍卫自然选择学说成为他从未放弃的招牌式的理论工作。

第四节　"达尔文主义者"的两难

达尔文无疑是对华莱士命运影响最大的人，作为出身高贵的科学名流，他慷慨地与华莱士分享也许是人类文明

---

① Brooks, *Just before the Origin: Alfred Russel Wallace's Theory of Evolution*, New York: Columbia University Press, 1984, pp. 218–219.

史上最伟大自然原理之一的"共同发现者"的荣誉,立即使这位平民出身、在默默无闻之中艰苦奋斗的博物学者一夜之间跻身顶级"科学人"的行列,也使他得以在"最好的年华"离开"相对无成果"的野外采集第一线,转而投身于理论生物学"伟大的概括"工作之中。① 在意外地成为"达尔文主义者"之后,华莱士的思想走向也开始受到达尔文的影响。

1860年2月,华莱士已经收到达尔文寄来的联合论文与第一版的《物种起源》,他在这份发表之前没来得及校订(甚至不知道能否发表)的《倾向》上面做了几处修改,并在空白处做了一个评注,第一次谈到他对《物种起源》的看法:

> 读过达尔文先生令人敬佩的著作"物种起源",我发现这篇文章无论从事实上还是从观点上,都没有什么不是几乎完美地与那位先生一致的。
>
> 然而,他的著作在细节上触及与解释了许多观点,是我从前还很少考虑的,例如变异的规律、生长的相关性、性选择、本能与无性别昆虫的起源,以及对胚胎学上的类同性所做的真正的解释。他在地理分布方面列举的许多事实与解释,对于我来说也是相当新鲜而极其有趣的。②

---

① Slotten, *The Heretic in Darwin's Court*: *The Life of Alfred Russel Wallace*, New York: Columbia University Press, 2004, p. 148.

② Beccaloni, "Wallace's Annotated Copy of the Darwin - Wallace Paper on Natural Selection", *Natural Selection and Beyond*: *The Intellectual Legacy of Alfred Russel Wallace*, eds. Charles H. Smith and George Beccaloni, New York: Oxford University Press, 2008, p. 97.

首先,《物种起源》使华莱士认识到自己以往研究的不足,在此后与达尔文的进一步交流中,他不断完善自己的思路,对自然选择机制的性质也越来越了解。可以说是达尔文帮助华莱士完成了一种跨越阶段式的发展,使他在短时间之内进入到科学进化论的前沿领域之中。从此以后,很快两人之间便可以就学说内部的困难展开富有成果的讨论,但分歧也开始出现,一个关键性的因素在于华莱士在达尔文主义反目的论的唯物主义框架下感到了某种不适应,他在承认自然进化残酷逻辑的科学自然主义与"人性本善"的进步主义信念之间面临着一种两难的困境。在这种困境之中,华莱士与达尔文走向了两个方向,实质性的分歧最终在人类进化的问题上全面暴露。此时,摆在华莱士眼前最直接的问题就是:选择达尔文主义还是选择乌托邦理想?或者还有调和二者的第三条道路?华莱士选择了探索第三条道路,他的实际方案是:以新的生命哲学"修正"维多利亚时代意识形态的逻辑基础。

维多利亚时代有两大意识形态:科学自然主义与乌托邦进步主义。[1] 人们崇尚科学,追求进步,并视二者为一体,对科学促进人类进步的前景充满信心。而透过达尔文本人的"达尔文主义",华莱士却感觉到"科学—自然"与"进步"原本比肩而立的基石之上出现了裂痕。这一基石是这样一种假设:"必然进步"是自然界的基本法则,科学可以对这种法则加以证明并技术性地加以把握。由此,如果选择了科学自然主义,坚持以自然因素为底线、

---

[1] Bowler, "Foreword", *Natural Selection and Beyond*: *The Intellectual Legacy of Alfred Russel Wallace*, eds. Charles H. Smith and George Beccaloni, New York: Oxford University Press, 2008, p. vii.

知识性地研究问题，那么在自然选择理论——"优胜劣汰"的利刃之下，至少传统意义上的人类道德本性及社会正义的必然性将难以解释。而如果选择了乌托邦进步主义，如同斯宾塞一样将进步看作是从宇宙到个人的天然的发展倾向，按照目前的研究水平，似乎就要在自然选择机制中加进一些超自然的特设性假说，才可以圆说。

为解除两难困境，华莱士必须在观念中恢复"科学""自然""进步"三者之间的协调性。"自然"是理论的底线，不可以突破。"进步"是理想的底线，也不可以突破。"科学"是掌握"自然"底线的文化维度，那么，这里是不是可以有一个回旋的余地呢？从当时盛行的灵学文化中，华莱士看到了这种可能性。

如果能将灵学纳入自然科学的轨道，便以此拓宽了科学的研究范围，这样就可以使渐渐分离开的"自然"与"进步"观念重新出现交集，即可以指望存在着一种保障进步必然性的超自然机制——这种超自然机制可通过新的科学方式来现实地把握。

实际上，19世纪的自然神学已经在为协调神学信仰与自然研究做出努力，当然它的理论重心还是放在信仰之上的。科学理性及经验知识从中获得的自由空间比经院哲学更大，但仍须迁就于宗教文化。对于华莱士而言，"灵学"一旦划归科学范畴，或可用科学方法对"灵魂"进行研究，可得到两全其美的结果：一方面自然研究的主权完全收归科学领域，另一方面"新科学"也将为人类带来超越平庸现实的"福音"。也就是说，无须诉诸传统宗教，无须求助于教会或《圣经》（*Bible*），无须盲目地祈祷，只要通过一定的科学手段，人就可以与"另一个世界"的

"灵魂"建立沟通，并有可能因此借助"灵界"的力量来为人类社会主持公道。

从前文所述现代唯灵论在英国的发展状况中也可以看出，灵学为什么能够给华莱士带来如此的希望。在机械唯物论的纲领下，精神现象一直是一个难题。古典数理科学在19世纪虽然已经获得全面发展，但其成就主要还是集中在"物质"的层面，关于"心灵"的研究领域还是有被神学争夺的空间。灵学在当时也是以"心理科学"的面目出现的，而在它出现之前，心理学的雏形是如今同样已被划入伪科学的颅相学研究。[①] 华莱士在晚年著作中回顾19世纪科学发展的得与失时，也把颅相学与灵学受到忽视看作是欧洲社会制度不合理导致"物质"层面与"精神"层面发展不协调的证据。另外，灵学研究确实可以满足一般民众尤其是弱势群体的某种心理或文化上的需要，例如最早的灵媒几乎都是女性，降神会可以看作是女性获得话语权、"就业机会"以及社会地位的最早舞台。而参与降神会并倾向于信以为真的人士往往有着怀念逝者或安抚失意心理的精神需求，这使得"让灵学获得可靠的科学基础"成为大众的一种普遍的渴望，灵学貌似科学的特征，也就往往在有意无意之间被主观地夸大。

总结起来，来自社会底层的华莱士经历了这样一条心路历程：

——接受乌托邦主义理想；

——对传统宗教神学失望；

[①] O'Boyle, *History of Psychology: A Cultural Perspective*, New Jersey: Lawrence Erlbaum Associates, 2006, pp. 155 – 157.

——通过《遗迹》接受进化观念；

——运用赖尔的均一论发展自己的进化论，并在实践中领悟自然选择原理；

——意外成为"达尔文主义者"，试图运用达尔文主义的自然选择学说为社会的必然进步，尤其是社会在精神方面的必然进步做辩护；

——发现目前的自然选择学说难以为传统意义上的人类道德本性及社会正义的必然性做辩护；

——在灵学世界观中看到通过"灵魂引导进化方向"来实现人类乌托邦前景的可能性。

大致与上述逻辑顺序相符合，研究者班顿（Ted Benton）也将华莱士一生的思想发展划分为三个不同的阶段：[①]

第一个阶段：从19世纪50年代早期到1857年。在这一阶段，华莱士已经是一名进化论者，但他还没有找到让自己满意的自然进化机制及规律，并依然怀有一种传统观念，即认为人类在自然界中的位置是特殊的，人类的智能与其他生物的本能有着根本性的不同。在这一时期，华莱士曾在马来群岛的探险过程中收养过一只小猩猩，经过观察，他对于将猩猩的意识看作人类智能的近似这一点表示怀疑。另外在他对"野蛮人类"的"精神文明"的高度评价中，可以看出他持有一种将无论"文明"还是"野蛮"的人类种族都看作一个统一整体的平等主义信念，并且这种信念的基础，正在于对于人类与其他动物的先天

[①] Benton, "Wallace's Dilemmas: The Laws of Nature and the Human Spirit", *Natural Selection and Beyond: The Intellectual Legacy of Alfred Russel Wallace*, eds. Charles H. Smith and George Beccaloni, New York: Oxford University Press, 2008, pp. 370–390.

本性的严格区分（然后再由此强调社会改革等后天因素对于改善人类整体处境的关键性作用）。这时他注意到自然界生物与环境之间存在一种严格的适应关系，同时也注意到一些非适应性的生物性状的存在。对于这些似乎并不能增添生存优势的生物体质特征，华莱士倾向于一种类似于智能设计论的解释，例如认为猩猩的大型犬齿并不具有御敌的功能，而只是反映了"自然界的美观与和谐"，背后也许隐藏着某种不为人知的"普遍设计"（general design）。① 此时华莱士虽然没有明确讨论人类的非适应性性状问题，但很显然他在此也可以采取同样的设计论解释。

第二个阶段：从1858年到1869年之前。在这一阶段，华莱士以赖尔的均一论改造《遗迹》中的进化论，独立发现了"适者生存"原则在自然界生物新种起源及种群进化中扮演的重要角色，并意外促成了达尔文自然选择学说的问世，一举揭开了物种起源这一"谜中之谜"的谜底。这时期他开始明确坚持适应主义或功能主义的立场，尝试贯彻均一论原则来论证一切生物性状，即使是最微小的变异也具有适应环境的直接意义。但面对人类的某些非适应性特征，尤其是某些高级精神能力的起源问题，华莱士产生了困惑。最初，他试图通过划分体质进化与精神进化的方式，将人类精神进化的特殊性澄清出来专门考察，并对自然选择导致精神进化从而"自然地"实现乌托邦的社会理想寄予厚望。由此，他写出最早的一篇达尔文主义人类学论文。但这种希望越来越让他感到没有把握，人身

---

① Wallace, "On the Habits of the Orang-Utan of Borneo", *Annals and Magazine of Natural History*, July 1856, pp. 31–32.

上一些至少是在表面上明显违反适应主义原则的特征使他对达尔文坚持的唯物主义路线失去信心。最终,在流行一时的降神会中见证到的奇异现象,向他开启了一扇崭新的希望之门。

第三个阶段:从1869年开始直至终生。1869年,华莱士在一篇正式发表的文章中将唯灵论引入进化论。通过之前的灵学活动,华莱士认识到:如果灵学现象是真实的,那么自然界终极的奥秘就还没有被现代科学触及;不妨假设降神会中显现的奇异力量来自于一种"超级智能",这种超自然的力量可以为自然选择下非适应性性状,尤其是人类的高级精神能力的起源提供保障。不仅如此,这种力量还可能并不违反已有的均一论标准,人们可以通过观察与实验对"超级智能"进行"科学"的研究,从而将灵学划入科学的领域。这样,不仅强适应主义的进化论在逻辑上通顺了,同时进步主义的理想也获得了科学的支持,对于华莱士来说是一举两得。为了在这一虚幻而美妙的方向上发展理论,华莱士将"适者生存"的原理升级为"适者进步",由此将人类的生存空间扩展至超越物质身体的"灵魂世界",进而将以人类灵魂为代表的"生物"生存时间扩展至永恒,即"适者永存"。当然,这里的"适者",在华莱士所要强调的意义上,主要是指道德上的优越者。

第三个阶段是华莱士进化思想的成熟期。自从1869年于生物学理论上公开转向唯灵论之后,在1870年的《自然选择理论文集》中,华莱士探讨了"超级智能"得以引导自然选择的形而上学基础,尝试指出:宇宙的本质是"意志的力"(Matter is force... All Force is probably

Will‐Force),从无机界到生物界再到"超级智能"之间,存在着"意志的力"不断纯化的、进步式的进化阶梯。[①]在1889年的《达尔文主义》中,华莱士进一步将"超级智能"的引导作用推广至整个生物界的进化过程。在1910年的《生命的世界》中,华莱士对灵学进化论做了集中的阐发,几乎已经由一位自然科学家变成了宣扬智能设计论的新式神学家。

班顿的三阶段划分法基本上把握住了唯灵论在华莱士进化思想作为一个整体的发展过程中所起的关键性作用,史密斯因此称赞他"作出了通过'思想改变'思路理解华莱士进化论的最有可能成功的尝试"[②]。从三个阶段的节点处可以看到,华莱士从踏上博物学—进化论之路到成为别具一格的"华莱士主义者"的关键步骤有两个:一个是前文讨论过的"华莱士事件",另一个就是他接触灵学研究以及在此过程中对唯灵论的皈依。

[①] Wallace, "The Limits of Natural Selection as applied to Man", *Contributions to the Theory of Natural Selection. A Series of Essays*, London and New York: Macmillan, 1870, pp. 365–368.

[②] Smith, "Wallace, Spiritualism, and Beyond: 'Change', or 'No Change'", *Natural Selection and Beyond: The Intellectual Legacy of Alfred Russel Wallace*, eds. Charles H. Smith and George Beccaloni, New York: Oxford University Press, 2008, p. 418.

第三章　进化论与唯灵论的综合

"华莱士主义"的灵学进化论超越了现代自然科学的界限，却有一种向希腊古典科学回归的痕迹。因此在他的思想体系中，自然选择为进化提供了"物理学"的"动力因"，唯灵论则提供了"形而上学"的"目的因"，并由此开出"伦理学"的理论维度。而在达尔文那里，进化论原本是限定在科学自然主义范围之内的一种生物学理论，形而上学层面的各种进化论哲学以及伦理学层面的"社会达尔文主义"与它并没有学说上的直接关联。

在科学进化论的层面讨论华莱士的进化论，可以称其为"自然选择万能论"。在华莱士的观念中，似乎进化是第一位的，自然选择是第二位的——进化是宇宙存在的基本方式与必然过程，而自然选择是实现这一过程的唯一的动力机制。与达尔文相比，华莱士的自然选择学说是"强适应主义"的，这一点不仅体现在华莱士早期并不成熟的独立研究成果《倾向》中，也体现在此后他与达尔文产生分歧的比较成熟的观点之中。在性选择机制是否存在、生育隔离机制是否可以在自然选择作用下直接起源的问题上，华莱士坚持自然选择的唯一有效性，而尽量避免诉诸达尔文的多元机制。然而在人类进化的问题上，华莱士先是对自然选择抱有信心，随后又求助于唯灵论，人类学成为他由科学进化论转向灵学进化论的突破口。

第一节 接受唯灵论

按照史密斯的研究，华莱士接触灵学及接受唯灵论并不是一时冲动的结果，而是在1865年到1867年期间经历了三个不同的发展阶段。①

第一个阶段是探索的阶段，时间上大致是从1865年到1866年。华莱士生活在一个神奇的时代，在这个时代里，科技迅速发展，人与自然之间的关系已经开始"祛魅"，但人们对于"超自然"事物仍然心存向往，并希望能够以科学的手段研究之。1848年华莱士带着探索进化论的热情远赴南美，正式开始职业博物学家的生涯，也正是在这一年，现代唯灵论运动在纽约兴起。1852—1854年间华莱士从南美回国，第一批灵媒也在这时造访了英国。② 华莱士最初在马来群岛通过报纸了解到英美灵学运动的开展情况，当时他是持怀疑态度的，"像大多数人一开始那样认为，这些事情一定是骗人的，要么就是人们的错觉作祟"③。华莱士于1862年结束探险回国，三年之后，他才开始接触灵学活动。1865年到1866年，一直活跃在"学术界"前沿的华莱士在

---

① Smith, "Wallace, Spiritualism, and Beyond: 'Change', or 'No Change'", *Natural Selection and Beyond: The Intellectual Legacy of Alfred Russel Wallace*, eds. Charles H. Smith and George Beccaloni, New York: Oxford University Press, 2008, pp. 403–408.

② Fichman, *An Elusive Victorian: the Evolution of Alfred Russel Wallace*, Chicago and London: The University of Chicago Press, 2004, p. 168.

③ Wallace, *My Life: A Record of Events and Opinions*, Volume II, New York: Dodd, Mead, 1905, p. 294.

第三章 进化论与唯灵论的综合

理论博物学方面的工作进度暂缓下来,不仅作品数量减少,参加学会活动的次数也减少了,这时他的主要注意力都被灵学吸引。1865年7月22日,华莱士在他一位律师朋友的家中第一次参加降神会。这一次并没有专业灵媒到场主持,根据他自己的记载,当时有桌子发生了抖动,并伴有神秘的敲击声传来。9月,在当时著名的灵媒马歇尔夫人(Mary Marshall)主持的降神会上,华莱士又见证了桌子悬浮与意念移物等"奇异现象"。在"灵应板"(ouija)演示中,灵媒在"灵魂"的引导下"无意识"地拼出了华莱士在南美探险的据点"帕拉",以及他死在当地的弟弟赫伯特的名字。为防止灵媒作伪,华莱士事先做了防备,可早年离世的大哥威廉还是通过签名向他"显灵"。[1] 到这年11月,华莱士已经有相当的降神会经验,但他还没有完全确信灵学现象的真实性,有灵学家在回忆录中称当时"华莱士先生表现得像一个强硬的怀疑者"[2]。这时杰出的女灵学家艾玛·哈丁(Emma Hardinge Britten)来英国演讲,她将灵学理解为"灵魂的化学"(the chemistry of the spirit),这大大促进了华莱士对唯灵论的认同。1866年,华莱士在广泛研究唯灵论文献的基础上,写出了他在灵学研究方面的第一部作品:《超自然的科学方面》(*The Scientific Aspect of the Supernatural*),先是在《英国社论》(*The English Leader*)期刊上连载,同年又添加了一些内容以单册形式出版(据史

---

[1] Wallace, *Miracles and Modern Spiritualism*, London: George Redway, 1875, pp. 132–138.

[2] Smith, "Wallace, Spiritualism, and Beyond: 'Change', or 'No Change'", *Natural Selection and Beyond: The Intellectual Legacy of Alfred Russel Wallace*, eds. Charles H. Smith and George Beccaloni, New York: Oxford University Press, 2008, p. 403.

密斯调查,这部小册子目前在全世界图书馆中可能仅有三本保存下来),单行本上加了这样一个副标题:"将超感者及灵媒的超能力诉诸科学家实验研究的渴望",希望唤起科学界对灵学研究的注意。1875 年,这篇长文经过大幅修改收录到了文集《奇迹与现代唯灵论》之中。华莱士在文章中大量引用了艾玛·哈丁的观点,指出从前被看作是"奇迹"的东西,如今看来只是我们还没有充分理解其机理的自然现象或物理过程,他强调道:"我们的感知是有限的,只有通过知识的积累我们才能提高对奇迹假设背后自然过程的认识。"[1] 文中华莱士还第一次公开使用到了"适者生存"这一出自斯宾塞的经典表述,并进一步发展出一种"适者进步"(progression of the fittest) 的概念:

> 这里我们再一次得到对现代科学信条的惊人补充。生物世界已经在持续地向着高级的状态发展,通过作用于不断变动着的生物有机体的伟大法则——"适者生存"与外部自然界的力量(force)保持着和谐。在灵魂的世界里,"适者进步"的法则取而代之,以一种无法割裂的连续性,作用于起源于此的人类精神的发展过程。[2]

第二个阶段是提倡的阶段,时间上大致集中在 1866 年。《超自然的科学方面》整理汇集了现代灵学来自灵学

---

[1] Smith, *Alfred Russel Wallace*: *Evolution of An Evolutionist*, http://www.wku.edu./~smithch/wallace/chsarwp.htm, 2003–2006, Chapter 5.

[2] Wallace, *Miracles and Modern Spiritualism*, London: George Redway, 1875, p.116.

家（spiritualist）、科学家（man of science）以及华莱士本人的证据，也相当于是对当时的唯灵论哲学或灵学文献的一次汇总。此后华莱士开始恢复正常的科学工作，也开始分发这本小册子给科学界的同事，并邀请他们一起参加降神会以检验灵学现象的真实性。他热心地希望科学界人士能更多地关注为现代自然科学所忽略的"超自然"力量。但此时仍不能说华莱士已经完全接受了唯灵论，对于灵学研究的真伪他还是保持了一种探索的心态。结果，除了包括钱伯斯在内的少数人之外，得到小册子的同事中间再难找到华莱士这种热情的分享者。

第三个阶段是最终接受的阶段，时间上大致是在1866年与1867年之交。1866年11月，华莱士姐姐范妮（Frances Wallace）的房客尼科尔小姐（Agnes Nichol）成为一名灵媒，从此他可以在自己家中参加降神会。华莱士对家中的降神会做出在他自己看来更为严格的检验，最终相信了灵学现象的真实性，成为唯灵论的忠实信徒。此后他开始写文章支持灵学研究，甚至亲自出庭为受到作伪指控的灵学家辩护，同时运用唯灵论的思想资源发展完善自己的进化理论，将进化论与唯灵论在思路上综合起来。

史密斯还研究了华莱士本人如何看待唯灵论在自己思想中的地位，指出在《奇迹与现代唯灵论》的序言中，华莱士曾公开声明接受唯灵论并不是他与达尔文观点出现分歧的原因：

> 他（安顿·多恩，Anton Dohrn）提出这样的观点：唯灵论与自然选择是不相容的，并且我与达尔文先生的观点分歧正是由于我的唯灵论信仰而起。他还

猜测接受唯灵论信条是我在一定程度上受到牧师或宗教偏见影响的结果。鉴于多恩先生的观点可能也是科学界朋友们的观点，作为回应，也许我可以通过介绍一些我的个人情况来为自己辩解一下。①

在华莱士的辩解中，他称自己早在十四岁就接触到一些自由主义的哲学思想，从此在判断力上再也不愿受到教会或"宗教偏见"的左右：

> 在我第一次熟悉唯灵论的事实之前，我曾是一名坚定的哲学怀疑论者，着迷于伏尔泰（Voltaire）、斯特劳斯（Strauss）、卡尔·沃格特（Carl Vogt）的著作，也是（现在仍然是）赫伯特·斯宾塞的仰慕者。我也曾是一名如此彻底而坚定的唯物主义者，以至那时在思想中无法为灵魂存在的观念找到位置，也不能接受除了物质与力（matter and force）之外，宇宙中还有任何其他的东西（agencies）。然而，事实是坚硬的。最初，我的好奇心被一些发生在我朋友家里的一些微小但不可解释的现象所触动了，我对知识的渴求与对真理的热爱也促使我继续对之进行研究。这事实变得越来越可信，越来越多样，越来越远离现代科学所教导或者现代哲学所思考的范围。这些事实击败了我，它们迫使我在接受关于它们的唯灵论解释之前就接受它们作为事实，尽管在那时，"我思想结构中没有适合它的位置"。②

---

① Wallace, *Miracles and Modern Spiritualism*, London: George Redway, 1875, p. vi.
② Ibid., p. vii.

可见，华莱士首先看重的是"事实"，当他将别人眼中的伪事实看成事实，自然就将以此为基础的伪科学研究视为科学研究。这一点，与"自然"观念以及"自然主义"哲学纲领在当时的边界尚不分明有关。进步主义的意识形态在做最后的努力，通过理想化、简单化的科学理解将目的论、智能设计论、唯灵论等超自然观念保留在自然主义之中，在自然科学全面发展及职业化的浪潮冲击下缓解传统宗教势力衰落的阵痛并缓和建基其上的道德文化的震荡强度。在"自然主义"的大方面，华莱士与达尔文是一致的，他们都致力于按照均一论的原则，以自然原因解释自然本身。但华莱士既然事先接纳了进步主义，他心目中的"科学"就有了为"理想"争取空间的义务，将面临更多将理论"简单化"的诱惑。可以说华莱士的初衷也是为了维护自然主义，但在引入唯灵论之后，"科学自然主义"在他这里就变成了一种"非科学自然主义"，或者"科学超自然主义"，而达尔文这边所选择并坚持的，才是符合今天科学标准的"科学自然主义"。

澄清了这一点，下面的章节将分别从科学（进化生物学）、自然哲学（唯灵论）以及社会哲学（政策评论）三个方面对华莱士在本质上不同于达尔文的进化思想做出具体的分析。

第二节 《倾向》中的自然选择

《倾向》标志着华莱士版本自然选择原理的初步形成。虽然在发表之前它只是一部草就的手稿，但其中的内容还是比较详尽的，能够充分反映出受到达尔文的观点影响之前华莱士对自然选择机制的原初理解。鲍勒在20世纪70年代曾撰文讨论1858年联合论文中达尔文与华莱士两人观点的不同，指出当时达尔文理论的相对完备与华莱士理论的相对不足，以及后者在前者影响下的发展完善。在联合论文中，达尔文手稿的部分讨论了生物个体通过生存斗争形成稳定变种的过程，对变异的理解比较全面。而华莱士《倾向》的部分并未过多考虑个体形成变种的过程，只关注了具有极化倾向的变异的情况。然而从华莱士的"不足"中可以看到，他此时对自然选择过程的思考虽然不全面，却强调出了生物适应环境的严格性。这种强适应主义倾向在他此后的学说发展中并未减弱，以至于因此在具体问题上与达尔文产生分歧。

在《倾向》中，华莱士并未使用"自然选择"的表述，"自然选择"是达尔文发明的概念，最早在《物种起源》的副标题中出现。前文也提到，直到1866年华莱士才公开使用了"适者生存"的说法，而"适者生存"是斯宾塞在1864年《生物学原理》一书中提出的概念，作为他对自然选择原理的个人理解与（兼容了拉马克主义原理的）再阐发。[①] 但华莱士在1858年确实指出了生物与自然环境之间的适应关系对于物种进化——并且是歧化式进化的决定性意义，这一点已经足以令达尔文担心自己失去自然选择学说的优先权。关于自然界物种在生存斗争之下发生歧化式进化的过程，华莱士在文中论述道：

---

① Spencer, *The Principles of Biology*, Volume I, New York: Chapman & Hall, 1896, p. 444.

来自同一原种的大多数或者也可能是全部的变种，一定在个体习性或能力上具有某些有限的独特特征，无论这些特征有多么微小。甚至只是一种颜色上的改变，使它们或多或少地彼此区别开，都能影响到它们的安全状况；过多或过少的毛发发育，都会改变它们的习性。更重要的改变，例如四肢或任何外在器官在力量或尺寸上的增加，将影响它们获取食物的模式或栖居地的范围。同样明显的是，最大的改变将有利或不利地影响到生存的延长。……另一方面，如果任何物种获得了增加些许生存能力的变异，这一变种一定不可避免地在一定时间内显示出数量上的优势。如同年老、食物浪费或短缺导致死亡率的增加，变异的结果也一定是这样。在两种情况下会有一些例外的个体，但平均看来这法则将一定有效。所有变种因此分为两组——在相同环境下达不到亲本种（parent species）数量的，以及迟早获得并保持数量优势的。现在假设这一地区的物理环境发生了变动——长期的干旱、植被被蝗虫破坏、寻找"新乐园"（Pastures New）的食肉动物的突然闯入——任何使生存变得艰难、迫使物种全力以赴避免灭绝的改变，显然，在所有个体组成的物种中，那些数量最少而组织最不完善的将首当其冲，如果压力够大，它们必然很快绝迹。同样原因持续作用下，接下来受害而数量减少的就是该物种的亲本种，相似的不利条件反复出现，它们也可能会逐渐灭绝。优势变种将独自存活下来，在环境重新变得适宜时，它们的数量将迅速增加，并将占据已经灭绝的物种与变种的位置。①

这段文字可以看作是华莱士在进化论领域"遇见"达尔文之前独自探索的最远处，自然选择原理在其中已经表述得比较清楚了，达尔文本人对此基本上不会有异议。然而，在当时的达尔文看来：华莱士描述的这一自然选择过程仅仅是整个生物进化中的一个阶段，而且是新物种即将起源的最后阶段，至于生物个体经过自然选择形成不同变种，从而为这种最后阶段的自然选择提供材料的过程，他并没有专门强调，不同个体之间的生存斗争也还没有被充分地考虑到。

华莱士论文的题目是"论变种无限远离原种的倾向"，从中就可以看出"变种"（varieties）是他论述的重点，也是他这项研究的起点，但变种的起源问题确实并不在这篇论文的讨论范围之内。在物种由既有的变种通过优胜劣汰而起源的问题上，华莱士充分考虑到的是性状差异造成的优势与劣势接受环境考验的残酷性，即"无论这些特征有多么微小。甚至只是一种颜色上的改变，使它们或多或少地彼此区别开，都能影响到它们的安全状况"。这是一种很"强"的适应主义观点。在论文的开头，华莱士首先对比了野生变异与驯化变异的区别并指出：前者可以在环境变化中无限地远离原种，直到共同的原种祖先灭绝，就成为彼此不同的新物种；后者因为环境稳定，变异往往是暂时的，从而表现出一种

---

① Wallace, "On the Tendency of Varieties to Depart Indefinitely From the Original Type", *Linnean Society's Proceedings Series*, Vol. 3, 1858, pp. 57–58.

第三章　进化论与唯灵论的综合

回归原种特征的倾向。华莱士的这篇论文意在表明："在自然界中存在普遍的原则，能够导致许多变种在亲本种灭绝后幸存下来，并不断变异而越来越远离原始的形态，但同样的原则也在驯化动物中造成变种回归亲本形态的趋势。"[①] 华莱士在文中也涉及了种内斗争的问题，指出最弱小或组织最不完善的个体会在生存斗争中首先灭绝，但接着就推论出"同一物种的不同个体间发生的事情，一定也会发生在一个生物群体的不同物种之间"[②]，将考察的焦点由种内斗争转向了种间斗争，不再解释由变异个体中形成变种的进化过程。

鲍勒认为关于种内斗争的研究正是此时华莱士所欠缺的。在达尔文的手稿中，一开始论述的就是同种生物个体间差异的存在，这种差异往往与个体生存的不同环境有关，自然选择会在不同环境下造就出同物种的不同变种，变种渐渐趋于稳定，最后再接受自然选择的作用，成为相互杂交不育的不同物种。这样，生物的进化过程就被达尔文分为两个部分或两个层次来区别对待：变种的起源与物种的起源。在华莱士的《倾向》中，主要只涉及物种起源的部分，而没有集中讨论变种起源的部分。达尔文认为，同种生物个体间争夺资源与配偶的生存斗争是不同变种形成的重要原因，而环境的剧变是导致某一类变种被集体淘汰而幸存变种成为新物种的重要原因，因此又把生存斗争分为两部分：生物与环境之间的斗争以及在相同环境下个体之间的斗争。同样由于对变种起

---

① Wallace, "On the Tendency of Varieties to Depart Indefinitely From the Original Type", *Linnean Society's Proceedings Series*, Vol. 3, 1858, p. 53.

② Ibid., pp. 56–57.

源的忽视，华莱士在《倾向》中主要探讨了生物与环境之间的斗争，而缺少个体间斗争的内容。[①] 然而鲍勒的观点也可以商榷，因为华莱士并没有刻意回避变种形成的问题，可以说是悬搁起来或无暇顾及，也可以说他是把它先行合并到了变种成种的问题之中，而合并的关键性原则就是适应主义。不妨这样来解读华莱士的整体思路：无论从个体到变种，还是从变种到物种，进化的过程都是由适应的结果来决定的，小到个体的每一个具体性状特征，大到稳定变种的群体性生存优势（或劣势），其自然起源的奥秘无不如此。这样，进化的关键就不在于是"个体"还是"变种"，而在于是"适应"还是"不适应"。似乎可以认为，按照适应主义的原则，进化过程中最基本的功能单位既不是变种，也不是个体，而是每一个具体的性状。可能正因如此，华莱士才在之前写给贝茨的信中讨论达尔文是不是也注意到了"自然界物种与变种的起源没有差别"。[②]

然而达尔文不仅注意到了这个差别，还刻意划分了个体进化与变种进化两个层次。这是出于他在育种实验的基础上发展思路的需要，而这一思路华莱士后来也接受了。

这里涉及在两种意义上理解变异的问题。达尔文很早就发现变异可分为两种：一种是随机的变异，表现为某一性状在一定范围内的各种可能性上多向分布，例如同种昆

[①] Bowler, "Alfred Russel Wallace's Concepts of Variation", *Journal of the History of Medicine and Allied Sciences*, Vol. 31, No. 1, Jan. 1976, pp. 17 – 19.

[②] Marchant, ed., *Alfred Russel Wallace: Letters and Reminiscences*, Volume I, London: Cassell, 1916, p. 66.

虫具有不同的颜色;另一种是极性的变异,表现为某一性状呈现出两极分化的差异,例如羚羊的角有长有短。个体身上的变异往往属于前一种,但经过地理隔离等因素的影响,这些随机分布的变异在不同的环境中有选择地保存下来,因此形成了不同的变种。因此,到了变种这一层次,不同变种之间的差异已经是经过自然选择之后的产物,具有了两极分化的特征。当特定变异达到一定的数量,这才提供了华莱士所看到的优势变种在环境剧变中被选择成新物种的可能性。在《倾向》中华莱士因为对个体与变种一概而论,忽略掉了随机变异与极性变异之间的差别,这样他此时的进化论就只是概括了达尔文进化论的一个方面。可以说,1858年达尔文把握到的才是"适者生存",而华莱士把握到的只是"不适者不生存",《倾向》中的考察焦点偏向于自然选择破坏性的方面,而不是建设性的方面。到了1864年,华莱士在《以马来地区凤蝶为例说明变异及地理分布现象》("The Phenomena of Variation and Geographical Distribution as Illustrated by the Malayan Papilionidœ",以下简称《马来凤蝶》)一文中已经开始透过颜色问题讨论个体的随机变异现象,对从个体到变种的进化过程展开专门的研究。1870年,华莱士将《倾向》收录到《自然选择理论文集》,除了对12年前仓促发表的草稿重新做了校对与修改,还为文章加上了小标题与脚注,尤其突出了原文中对变种进化的考虑,显示出此时他已经认识到最初工作中的模糊之处。[1] 在1889年的《达尔文主义》一书中,华莱

---

[1] Bowler, *The Non-Darwinian Revolution: Reinterpreting a Historical Myth*, Baltimore and London: The Johns Hopkins University Press, 1988, pp. 44-45.

士已经对稳定变种的变异范围进行量化的研究，这些都可看作他在达尔文的影响下取得的研究进展。然而华莱士早年的强适应主义立场并没有改变，"进化"对他而言仍然更倾向于一种先验原则而非科学事实，"自然选择"或"适者生存"作为经验机制在他这里要比达尔文理解得更为严格而排外。当"超验"与"经验"两种原则之间的张力达到一定程度，他就必须寻找新的思路对此进行调和。

研究者莱斯（John Reiss）曾与史密斯在通信中对比华莱士与达尔文的自然选择观念，认为尽管华莱士在《倾向》中没有直接讨论变种的自然选择起源，但他在生物适应性特征的解释上更多地强调了自然选择机制的连续性与严格性，因此在某种意义上比达尔文的观点更为清晰：

> 尤其是他关于"蒸汽机离心调速器"（the centrifugal governor of the steam engine）的类比，进化中的不规则变异在变得明显之前会被及时检查出来并得到纠正，这一点在达尔文的思想中是没有的。（格里高利·贝特森（Gregory Bateson）指出，这正是对作为维持适应行为的负反馈回路原则的作用方式的清晰表述）……众所周知华莱士毕生都是比达尔文更严格的"选择论者"（selectionist）。这一不同在华莱士的第一篇论文中就已经反映出来了，在结构上，它比达尔文的任何作品都要干净利落（正如地质学家查尔斯·赖尔指出的那样）。[①]

[①] Reiss, "Comment", http://www.wku.edu/~smithch/wallace/S043.htm, 2000.

第三章 进化论与唯灵论的综合

另外一位华莱士研究者科特勒（Malcolm Jay Kottler）早年也曾经比较研究自然选择观念在华莱士《倾向》与达尔文《物种起源》第一版中的不同，认为尽管当时达尔文公开表示两人的观念惊人相似，此后两人也都明确同意这一点，但两种"自然选择"还是非常不同的。他赞同尼科尔森（A. J. Nicholson）1960 年的观点：达尔文主要关注的是一种生物个体间的"竞争选择"（competitive selection），重点在于探究优势个体的保存，而将弱势个体的淘汰视为其附属的效应；华莱士主要关注的是一种生物与自然之间的"环境选择"（environmental selection），重点在于探究劣势群体的灭绝。① 科特勒也同意鲍勒的分析，而他自己的看法是：华莱士当时的进化论只涉及一种"线性"的歧化过程，达尔文则已发展出涉及今天被称为"适应辐射"（adaptive radiation）的"多维"式的歧化原理。② 但仍需强调的是，华莱士的进化论除了生物学的方面，还有自然哲学方面的考虑，即适应主义与进步主义的考虑，而后者也许才是他理论工作的真正重心。从两人的差距或分歧中不应只看到华莱士的不足之处，而应理解他与达尔文在思想旨向上的本质不同。华莱士与达尔文不是同一类的科学家，科学对于他是有为哲学理想而服务的直接使命的，在这个意义上，可以说他是亚里士多德科学传统的现代继承人，而并非像达尔文一样是新时代科学典范的开创者。

---

① Nicholson, "The Role of Population Dynamics in Natural Selection", *Evolution after Darwin*, Volume I, ed. Sol Tax, Chicago: University of Chicago Press, 1960, p. 491.

② Kottler, "Charles Darwin and Alfred Russel Wallace: Two Decades of Debate over Natural Selection", *The Darwinian Heritage*, ed. David Kohn, Princeton NJ: Princeton University Press, 1985, p. 384.

第三节 拟态与性选择

1862年,华莱士结束了热带采集生涯,平安回到英国。此后除了为宣传、捍卫达尔文主义而积极地写作,他还开始与达尔文频繁通信,探讨自然选择学说的重点难点问题。两人之间的通信联系几乎一直保持到1882年达尔文去世,其中以1864年到1872年期间的交流最为密集。因为坚信自然选择机制可以全权决定生物的生存或灭绝,华莱士与接纳多元进化机制的达尔文终现观念分歧,分歧主要集中在三个具体问题上:性别二态性(sexual dimorphism)、杂交—杂种不育(cross - and hybrid sterility)以及人类(man)的进化。① 在前两个问题上,争论的焦点在于要不要引入性选择以及相关律等自然选择的辅助性机制,分歧并未超出既有的科学理论范围,而且两人在实验证据缺乏的现实面前还是达成了暂时的妥协。然而在人类进化的问题上,华莱士尽管最初与达尔文走在一起,后来还是沿着唯灵论的方向离开了达尔文所理解的自然主义领域,并且越走越远,以至于达尔文一度担心已经失去了这位战友。

最初的分歧是由拟态研究引起的,拟态研究引出性别二态性问题,最终落在人类之外的自然界生物是否存在性选择,或者性选择在进化中是否扮演关键性角色的问题上。

达尔文主义问世后立即受到不同文化阵营的攻击,此

---

① Kottler, "Charles Darwin and Alfred Russel Wallace: Two Decades of Debate over Natural Selection", *The Darwinian Heritage*, ed. David Kohn, Princeton NJ: Princeton University Press, 1985, p. 368.

第三章 进化论与唯灵论的综合

时它急需田野博物学家的经验证据支持，一方面证明作用于生物细微差别的自然选择确实导致了进化的发生，另一方面用来反驳反对派提出的突变（saltation）等机制导致进化的观点。[①] 一般认为，达尔文主义生物进化论的第一批证据是由贝茨的拟态研究提供的。1850年贝茨在亚马逊丛林中与华莱士分别，直到1859年才从巴西回到英国。1861年他在林奈学会会议上提交了一篇进化生物学史上里程碑式的论文：《亚马逊流域昆虫志论文》("Contributions to an Insect Fauna of the Amazon Valley")，于1862年正式发表，及时地鼓舞了达尔文以及胡克等人的士气。文章探讨了亚马逊流域许多种无毒蝴蝶在形态上模仿其他种有毒蝴蝶的现象，贝茨认为这种拟态行为是生物适应的结果，无毒蝴蝶在形态上与某种有毒蝴蝶相近，可以躲过某种畏惧这种有毒蝴蝶的鸟类等捕食者的威胁，从而增加生存概率。贝茨在文中声援达尔文道：

> 这一现象，根据最近由达尔文先生在"物种起源"中所提出的自然选择理论，似乎可以得到清楚的解释。[②]

其实，华莱士在拟态研究方面的贡献是同样出色的，甚至有学者认为在"贝茨拟态"的发现上，华莱士再一次失去了本该属于他的优先权。研究者马利特（James Mal-

---

[①] Ruse, *The Darwinian Revolution*, Chicago and London: The University of Chicago Press, p. 207.

[②] Bates, "Contributions to an Insect Fauna of the Amazon Valley: Lepidoptera: Heliconidae", *Transactions of the Linnean Society of London*, Vol. 23, 1862, p. 512.

let）指出，华莱士在 1860 年已经注意到类似贝茨拟态的现象，并在一封写给达尔文的信中谈论到了这一点：

> "自然选择"几乎解释了自然中的一切，但有一组现象我还不能置于其下，——不同种群动物的形态与颜色的重复，相似的二者通常在同一地区，一般是同一地点被发现。这一现象在昆虫类尤为突出，我总是能在其中发现新的案例。在同一区域中蛾模仿蝴蝶——凤蝶（*Papilios*）在东方模拟紫斑蝶（*Euplœas*），在美洲则模仿蝎尾蕉（*Heliconias*）。[1]

当贝茨首先对此进行系统阐释之后，华莱士欣然地借鉴他的成果为达尔文主义做辩护。华莱士首先以蝴蝶为例，指出自然界中存在着性别二态性的现象，即同物种雌雄个体间性状差异巨大，进而以贝茨的理论将其解释为自然选择作用下限性拟态（sex–limited mimicry）的结果，以此反对达尔文的性选择解释方案。在 1864 年的论文《马来凤蝶》中，华莱士考察了马来群岛蝴蝶异常复杂的博物学状况：

> 一种学名为 *Papilio pammon* 的栖息于东印度群岛各地的凤蝶是另一种状况。它接近黑色，在前翅的边缘以及中翅、后翅上带有白色斑点的镶边。有些雌性与雄性是非常相像的，只有在尾端多出一个小红斑

---

[1] Mallet, "Wallace and the Species Concept of the Early Darwinians", *Natural Selection and Beyond: The Intellectual Legacy of Alfred Russel Wallace*, eds. Charles H. Smith and George Beccaloni, New York: Oxford University Press, 2008, pp. 105–106.

点。然而大多数雌性是非常不同的,她们在后翅上有着很大的白色与砖红色的斑纹与一列红色斑点。*Papilio polytes* 长久以来一直被看作与 *Papilio pammon* 属于不同的种类,但它的卵却孵得出 *Papilio pammon* 与其他类似的蝴蝶。二者其实是同一类别的另一证据在于,尽管 *Papilio polytes* 很常见,但雄性的个体却从未被发现过。另有一种学名为 *Papilio romulus* 的东印度蝴蝶,雌性每每被采集到,雄性却从未出现。经过对这种昆虫的仔细辨认,作者相信它实际上是第三种形态的 *Papilio pammon*。[①]

原本华莱士已经了解到并基本认同了达尔文对性别二态性所做的性选择解释,但贝茨的理论使他更倾向于认为雌性的差异性特征是一种适应性的限性拟态,即是自然选择的产物。在 1865 年正式发表的《马来凤蝶》完整版中,华莱士添加了关于性选择的讨论,这也是他第一次公开发表关于性选择问题的看法:

> 如此,许多雄鸟的艳丽羽毛与特殊装饰可以通过这样的假说来解释(许多事实也证明了):雌性偏爱于最漂亮、羽毛最华丽的雄性,因此偶然的形态、颜色变异就可以积累起来,产生出孔雀的奇妙尾羽与天堂鸟灿烂的羽毛。这些理由对于昆虫无疑是部分有效的,许多种类的昆虫只在雄性才拥有角与有力的颚,也

---

① Wallace, "On the Phenomena of Variation and Geographical Distribution as Illustrated by the Malayan Papilionidæ", *The Reader*, April 1864, p. 491.

只有雄性才更为经常地具有多样的色彩或闪耀的光泽。①

但华莱士最终没有承认"部分有效"的性选择方案，在他看来，对于性别二态性的起源问题，例如雌性单独具有拟态色，自然选择的解释比性选择的解释更为合理：

> 雌性比雄性更为倾向于这种变异的理由大概在于：它们在身上带卵的时候飞行速度较慢，而在叶子上产卵的时候则极易受到攻击，这种变异是一种特别的优势，能为它们提供额外的保护。②

华莱士此后的思路，基本上是在强调自然选择促进性别二态性的充分有效性，而否认性选择的作用。1867年，达尔文发现毛虫在性成熟之前就具有鲜艳的颜色，这很难用性选择来解释，贝茨建议他向华莱士求助。针对这一问题，华莱士写出了一篇颇为经典的论文：《动物的拟态与其他保护性模仿》（"Mimicry, and Other Protective Resemblances Among Animals"），运用贝茨拟态学说解释了动物保护色与警戒色在生存斗争中的重大意义，以自然选择解释了这一现象。达尔文大致认同了他的这一思路。

但在鸟类的性别二态性问题上，两人开始出现分歧。1867年4月26日信中，华莱士与达尔文讨论鸟类的限性拟态与巢穴样式之间的关联，指出在开放式鸟巢中孵卵的雌鸟往往体色暗淡，而巢穴隐蔽或不孵卵的雌鸟则像雄鸟

---

① Kottler, "Darwin, Wallace, and the Origin of Sexual Dimorphism", *Proceedings of the American Philosophical Society*, Vol. 124, No. 3, 1980, p. 206.

② Ibid., p. 207.

一样艳丽，所以雌鸟朴素的外表特征是一种拟态，两性的差异应归因于自然选择。但达尔文考虑到雄鸟华丽而累赘的外表特征，认为进化过程中仅有关乎个体生存的自然选择机制是不够的，于是运用性选择原理解释之。性选择原理强调雌性对配偶的挑选在影响交配顺利进行，进而决定个体生育成功并实现种族世代延续等方面意义重大，因此也应被看作是一种进化机制，作为自然选择的补充机制或一种特殊的自然选择机制。在此时的研究方法上，达尔文主要通过人工育种实验获得支持理论的证据，而华莱士则主要在二手资料基础上进行理论思辨，因而很快达尔文就觉得华莱士的观点过于"普遍化"了，并指出如果考虑到遗传机制方面的问题，具体情况还会更加复杂：

> 我不知道您对遗传规律的关注程度，所以不知道什么样的结论在您看来是显而易见的。我已经开始钻研性选择问题，发现新性状通常只在一种性别中出现，并且只传给同性后代，也发现因为某种未知原因，这种性状明显更为经常地出现在雄性身上。[①]

达尔文的思路可整理为：如果醒目的外表特征是通过性选择而来，并且只在同性间遗传，那么不醒目一方的特征就是一种天然状态，可以不做特殊解释。但华莱士却认为赋予动物对异性的"审美"能力是过于"拟人化"了，可能偏离"正统"的自然选择理论路线，因此尽力抵制性

---

① Marchant, ed., *Alfred Russel Wallace: Letters and Reminiscences*, Volume I, London: Cassell, 1916, pp. 185–186.

选择方案。实际上，达尔文此时也拿不出关于遗传机制的确切证据，华莱士只要否定达尔文预设的先天限性遗传（sex-limited inheritance from the first）的存在，就有成功的可能。1868 年 4 月华莱士又发表《鸟巢理论：鸟类颜色的特定性别差异与其巢穴模式的关系》（"A Theory of Birds' Nests: Shewing the Relation of Certain Sexual Differences of Colour in Birds to Their Mode of Nidification"），进一步论证性别二态性的适应获得，认为尽管雄鸟有可能通过性选择获得艳丽体色，但这种性状起初应该是平等遗传给雌雄两性后代的，因此归根结底仍需在雌性后代身上接受自然选择。达尔文则进一步完善性选择理论，于 1867 年年底完成《驯化动植物的变异》，开始集中精力写作《人类的由来及与性相关的选择》（Descent of Man and Selection in Relation to Sex，以下简称《人类的由来》），讨论性选择在人类种族差异形成中的作用。在 1868 年 4 月 15 日的信中，达尔文再次谈到限性遗传问题，并指出他与华莱士两人思路上的差异：

> 您一点也没有把重点放在新性状天然地出现在某一性别（一般是雄性）个体身上，并只遗传给这种性别——或更常见的只是更多地遗传给这种性别——的例子上，另一方面，此前我也太少关注生存保护方面的问题。我曾仅仅瞥见了些许真理，即使现在也无法像您走得那样远。[①]

[①] Marchant, ed., *Alfred Russel Wallace: Letters and Reminiscences*, Volume I, London: Cassell, 1916, p. 213.

然而华莱士依然质疑先天限性遗传的普遍性,并在5月1日信中总结了关于动物颜色的六个命题,坚持先天平等遗传(equal inheritance from the first)加自然选择的解释方案:

1. 颜色的变异通常在两性间遗传。
2. 颜色有多种方式的保护作用(如隐蔽色、拟态色或警戒色)。
3. 颜色可吸引异性。
4. 颜色变异因此是通过选择而积累的。
5. 雌性一方经常单独具有保护色,是因为雌性比雄性更易处于险境。
6. 当雌性单独具有保护色,它们或者是减少或消除雄性所具有的颜色,或者积累出完全不同的色泽或记号。[1]

达尔文也在5月5日回信中坚持他的性选择解释方案:

我很乐意说我几乎完全同意您的概括,除了一点:在颜色获得的问题上,相对于保护生存的自然选择,我将把性选择放在同等的也许甚至是更为重要的代理者的位置上。[2]

---

[1] Kottler, "Darwin, Wallace, and the Origin of Sexual Dimorphism", *Proceedings of the American Philosophical Society*, Vol. 124, No. 3, 1980, pp. 215–216.

[2] Marchant, ed., *Alfred Russel Wallace: Letters and Reminiscences*, Volume I, London: Cassell, 1916, p. 216.

两人的分歧最终没有化解，在1871年第六版的《物种起源》中，达尔文删去了自然选择抑制雌性获得炫示性颜色的段落，在性别二态性起源的问题上以性选择加先天限性遗传机制取代了单纯"保护生存"的自然选择的位置。1877年，华莱士在《动物与植物的颜色》（"The Colours of Animals and Plants"）一文中，则放弃了雌性选择的解释方案，开始探讨雄性个体"华而不实"的特征并非出于雌性择偶需要，而是具有潜在的生存保护功能，例如雄孔雀竖立起尾羽有可能起到惊退敌害的作用，由此坚持统一的自然选择解释。在《我的一生》中，华莱士回顾了他与达尔文在性选择问题上的不同看法，将"通过雌性择偶的性选择"看作自己与达尔文之间的四大观点分歧之一（其他三个观点分别在于"作为智慧与道德存在者的人类起源""南半球与热带隔离山顶的北极植物"以及"泛生论与获得性遗传"）：

> 达尔文的性选择理论由两个相当不同的部分组成——多配偶制哺乳动物中普遍存在的雄性争斗，以及鸟类中雌性择偶时对更善于制造声音或更善于自我装饰的雄性的挑选。第一种是可观察到的事实，诸如角、犬牙、骨刺（spurs）等武器的发育，都是自然选择通过这种争斗发挥作用的产物。第二种则是根据雄性展示羽毛或饰物的观察事实所做的推测，但这种关于装饰特征发展自雌性择偶的说法——雌性选择最漂亮的雄性只因为它是最漂亮的，只是一个由稀少证据支持的推论而已。关于对第一种性选择的肯定，我跟达尔文本人是一样强烈一样彻底的，而后一种，追

第三章 进化论与唯灵论的综合

随达尔文根据似乎难作他解的有力证据得出的结论，我最初是接受的。但我很快就开始怀疑这种解释的可能性，最初是思考像鸟类一样普遍的蝴蝶中性别差异异常明显的事实，在这些例子中，对我而言，接受雌性选择是不可能了。与此同时，随着整个颜色问题开始得到了更好的理解，我看到甚至在鸟类与哺乳动物中完全抛弃性选择的同样有效的理由。①

对于性别二态性起源之争，此后的生物学发展表明：在雌性颜色的由来方面华莱士是正确的，而在性选择塑造醒目外表方面达尔文是正确的。② 更重要的是，在现代综合进化论者的努力下，一度受到忽视的"性选择"被"重新发现"了，生命现象最本质的两个方面——生存与生育——得到了生物学家的平等对待，性选择与自然选择的对立已经成为历史，如研究者克罗宁（Helena Cronin）认为："对于现代达尔文主义者而言，这完全是小题大做了。现在，生物个体在生存与生育之间的区分已经失去了那么重大的意义。从基因中心论的观点看，问题的关键是：二者间哪一个能够对基因复制做出贡献。"③

---

① Wallace, *My Life: A Record of Events and Opinions*, Volume II, New York: Dodd, Mead, 1905, p. 17.

② Caro, et al., "The Colours of Animals: From Wallace to the Present Day II. Conspicuous Coloration", *Natural Selection and Beyond: The Intellectual Legacy of Alfred Russel Wallace*, eds. Charles H. Smith and George Beccaloni, New York: Oxford University Press, 2008, pp. 159-161.

③ Cronin, *The Ant and the Peacock: Altruism and Sexual Selection from Darwin to Today*, Cambridge, UK: Cambridge University Press, 1991, p. 236.

第四节　生育隔离的自然选择起源

达尔文开发的性选择方案，有助于增强自然选择学说在处理非适应性性状起源问题方面的解释力。通过引入多种辅助性的进化机制，达尔文既克服了（华莱士信奉的）强适应主义的僵化性，又扩展了达尔文主义在科学上的发展空间。除了诸如雄孔雀华而不实的尾巴这样的反适应主义现象之外，令达尔文感到烦恼的还有自然选择学说面临的另一个挑战：自然选择下的进化过程缺少直接的经验证据。达尔文主义认为自然进化是一个歧化的过程，新物种的出现意味着旧物种（或者如华莱士所说的不同物种"在空间与时间上"共同对应着的那个"此前存在的亲缘物种"）一分为二，相互之间无法再生育共同的后代，也就无法再回归同一物种。因此，新种之间形成杂交或杂种不育性的问题，对于自然选择学说的成立与否是相当关键的，如果拿不出自然选择下不育性形成的直接证据，这一点就会成为达尔文主义的软肋。在性选择问题上出现分歧的同时，关于杂交或杂种不育的自然选择起源问题，也引出了华莱士与达尔文不同的观点。

活跃在文艺复兴与达尔文革命两时代之间的博物学家如雷（John Ray）、布丰（Georges Louis Leclere de Buffon）等一般仍然认为不同物种（species）之间存在着森严的生育壁垒，他们以直接交配不育或杂交后代交配不育界定物种范畴，而将可正常生育的异形个体看作是同一物种中偶发性的变种（variety）。达尔文主义破除传统神学特创论以及本质主义物种不变论的一个关键点就在于取消"物种"与"变种"之间的绝对界限,使不同"物种"间保持杂交(或杂交后代)不育,与不同"变种"间出现杂交(或杂交后代)不育因而隔离成种,成为同一问题的两面而不再是两个问题。这种不育性(sterility)就是今天生物学探讨的"生育隔离机制"(reproductive isolation mechanism),[1] 生育隔离机制的起源问题直接关系到自然选择学说解释物种起源及生物进化的有效性。1860年到1863年,"达尔文的斗犬"赫胥黎站在经验主义立场就此问题向达尔文理论提出挑战,认为如果自然选择学说想要获得科学理论(而不只是科学"假说")的地位,首先应至少通过人工选择模拟出杂交—杂种不育的自然起源过程,为自然选择的成种能力提供直接的证据。达尔文接受了这一挑战,组织了多次育种实验,却没有得到关于不育性"直接"起源于自然选择的满意证据,此后他开始退后一步,认为生育隔离可能是自然选择"间接"起作用的结果。[2] 1868年,华莱士接过赫胥黎的话题与达尔文展开讨论,试图找到自然选择直接导致生育隔离成种的可能性。

讨论的契机是达尔文在1868年2月出版了《驯化动植物的变异》,书中达尔文将不育性理解成"相关律"作用下的自然选择的副产品。华莱士认为相关律的解释是对自然选择学说的削弱,坚信自然选择可以直接导致变种隔离成种。读过此书后他随即写信给达尔文,认为表面上不育性确实很难说是个体的生存优势,但对于正在形成中的

---

[1] Kottler, "Charles Darwin and Alfred Russel Wallace: Two Decades of Debate over Natural Selection", *The Darwinian Heritage*, ed. David Kohn, Princeton NJ: Princeton University Press, 1985, p. 416.

[2] Ibid., pp. 391–407.

两个种族来说，变种个体间的生育隔离有可能最终形成某种整体上的生存优势，并因而为自然所选择：

> 我不明白您反对相近物种在自然选择下产生不育性的观点。在我看来，假定某一物种分化成两种形态，各自适应一种特殊的生存环境，那么各种细微程度的不育性对于每一种形态的物种——而不是对于不育的个体而言，都会成为一种适应优势。如果这样设想：两种端始种 A 与 B，分成两个种群，其中一个种群中 A 与 B 杂交可育，另一种群中 A 与 B 杂交不育，您将发现后者在生存斗争中将必然取代前者，记得您曾展示过这种杂交后代比原种更具活力，因此将很快取代原种，同时由于这些杂种无法像纯种 A 与 B 那样特别地适应某一种生存环境，它们转而必然让位给纯种的 A 与 B。[①]

隔离成种问题专家科特勒认为，华莱士在这里提出的是一种群选择（group selection）的观点，即认为在促成物种进化的意义上生物群体的利益可以取代个体利益。但根据研究者约翰森（Norman A. Johnson）最新的考察，华莱士的方案更适合从汉密尔顿（William D. Hamilton）的"亲选择"（kin selection）理论或梅纳德·史密斯（John Maynard Smith）的生物博弈论角度进行解读：当个体生存利益与其他生育成功的个体的亲缘度乘积大于利他行为的成本，利他行为就会出现，而纯种排斥杂种有利于获得自

---

① Marchant, ed., *Alfred Russel Wallace*; *Letters and Reminiscences*, Volume I, London: Cassell, 1916, pp. 196–197.

身更高亲缘度的个体生育成功,这样就可以将杂交—杂种不育性的提高看作是自然选择作用下互惠利他行为的产物。[①] 当然华莱士当时缺乏当代社会生物学(sociobiology)研究必备的理论基础,但他的思路大体上是与之相容的。对于华莱士的思辨,达尔文在2月27日的回信中表示相关实验自己还时有进行,但仍然不足以证明变种之间的相互不育性具有直接的生存适应价值。达尔文承认华莱士的这一设想具有合理性,但他指出困难在于现实情况下杂交—杂种不育是存在程度差异并随时变动的:

> 如果不育效应是由自然选择引起并累积的,那么从各种程度的生育隔离一直到完全不育,自然选择一定有力量对此加以强化。假设有A和B两物种,它们半数不育,即生出常态下一半数量的后代,现在试着(通过自然选择)使A和B在杂交时完全不育,您会发现这有多困难。我同意,确实,A和B物种个体的杂交不育程度是会变动的,但我要说,任何不育性相当高的A个体,如果它们随后与其他A个体繁育后代,其后代并不会产生遗传优势并因而在个体数量上超过那些与B杂交时并不具有更高不育性的A族群。[②]

在3月1日信中,华莱士对他的思路还是抱有希望:

[①] Johnson, "Direct Selection for Reproductive Isolation: The Wallace Effect and Reinforcement", *Natural Selection and Beyond: The Intellectual Legacy of Alfred Russel Wallace*, eds. Charles H. Smith and George Beccaloni, New York: Oxford University Press, 2008, p. 121.

[②] Marchant, ed., *Alfred Russel Wallace: Letters and Reminiscences*, Volume I, London: Cassell, 1916, p. 198.

您承认在可育性与不育性中发生着变动,那么我想您也会承认:如果我证明相当大量的不育性会对变种有利,那就充分证明了在那个方向上最小的变异也会是有用的,并且将得到持续的积累。①

而达尔文仍然以实验证据不足为理由,相信华莱士可能"疏忽了一步几乎是不可缺少的演绎环节,而这明显可以得到不同的结论"②。接下来,华莱士在3月19日信中表明了他的强适应主义立场:

我对一切涉及自然选择力量的问题都深感兴趣,但即使我承认有少数事情它做不到,也不愿相信杂交不育是其中之一。③

两人经过一番讨论,还是没有消除分歧。4月6日信中,达尔文表达了他的无奈:

我首先要说没有人比我更热切地希望自然选择在不育性问题上获得成功,而且当我在一般意义上思考它时(正如您最近的解释那样),我总是感觉它确实可行,但往往在细节上失败。原因在于,如我所相信的,自然选择不能对个体有不好的作用,也包括对于

---

① Marchant, ed., *Alfred Russel Wallace: Letters and Reminiscences*, Volume I, London: Cassell, 1916, p. 200.
② Ibid., p. 202.
③ Ibid., p. 203.

第三章　进化论与唯灵论的综合

群落而言。①

达尔文并没有像华莱士一样的强适应主义立场，相关律的解释与性选择方案一样已经令他满意。4月6日信中，达尔文提到了相关律搭配泛生论的"临时性"方案：一方面，杂交不育有可能是环境影响下变种间自然发生的变异倾向，并不需要自然选择的直接影响；另一方面，由不同变种所生出的杂种的生殖系统可能会受到某种不良因素的影响，无法再将身体各部位的"微芽"正常积聚起来传递给后代，由此导致不育性，"这就如同暴露在非自然环境中纯种的生殖器官也会受到这种不良影响一样"。信的结尾处达尔文感叹道：

  这是一封表达混乱而措辞不当的信件。不要回复它，除非是灵魂在催促着您。生命对于这样漫长的讨论来说是太短暂了。我真担心，我们永远不会达成一致。②

华莱士（此时已经基本接受了唯灵论）还是很快地在4月8日写了回信，在信中他做出让步，暂且认同了达尔文关于相关性进化的权宜之计：

  我很抱歉，您其实不必为了回应我在不育性方面的想法而费力伤神的。既然您不认同，我也就不太怀疑是我错了，实际上我对自己的论证也只是半信半

---

① Marchant, ed., *Alfred Russel Wallace: Letters and Reminiscences*, Volume I, London: Cassell, 1916, p.207.
② Ibid., p.209.

疑，而我现在认为自然选择可以或不能累积不育性的效应大概是机会均等的。……

无论如何，我将不再多说而将此问题视为悬而未决，我只是担心它将成为自然选择学说敌人手中的可怕武器。①

但在1889年的《达尔文主义》一书中，华莱士重新拾起早年的思路，再次认为如果同一物种的变种具有适应不同环境的优势，那么杂种的出现就有可能"淹没"其中的优势性状，这对于由此合为一体的种群来说是不利的，因此自然选择倾向于使杂种绝育，最终使变种之间产生生育隔离而变成不同的新物种。② 这就仍然肯定了自然选择在促成进化方面的绝对权威。

杂交—杂种不育起源的问题后来一分为二：交配前的生育隔离（pre-mating reproductive isolation）与交配后的生育隔离（post-mating reproductive isolation）。1930年，费舍尔（Ronald Aylmer Fisher）发现性选择可以阻止不同变种间发生交配行为，由此可能导致发生在交配之前的生育隔离。1955年，布莱尔（W. Frank Blair）称此过程为"强化"（reinforcement）。1966年，格兰特（Verne Grant）考察了发生在交配之后的不育现象，并将交配后的生育隔离与"强化"统称为"华莱士效应"（Wallace Effect）。通过一项关于一年生草本植物"Gila"的研究，格兰特既

---

① Marchant, ed., *Alfred Russel Wallace: Letters and Reminiscences*, Volume I, London: Cassell, 1916, p.210.

② Wallace, *Darwinism: An Exposition of the Theory of Natural Selection with Some of Its Applications*, London and New York: Macmillan, 1889, p.174.

给出了两种隔离机制在自然选择直接作用下起源的证据，也给出了它们在自然选择间接作用下附属在其他歧化特征上起源的证据，这等于是同时支持了达尔文与华莱士双方的观点。实验生物学的前沿进展表明，"强化"效应得到了较多的证据支持，而交配后的华莱士效应被归入到"同种配子优先"（conspecific gamete precedence）的研究课题之中，也得到了一些实验的证据支持。寻求更多的同种配子优先生育成功的证据，以及探索生育前后两种华莱士效应之间的相关性，是这一领域未来的研究方向所在。①

第五节　人类进化问题

如果说，在一般动植物进化的问题上，华莱士还是在与达尔文尽量保持一致的自然主义框架内捍卫了适应主义原则及自然选择原理的权威性，那么当面对人类进化这样的敏感问题，他的强适应主义路线终于遇到了真正的考验。人身上似乎存在着更多非适应性的性状特征，尤其是一些在原始状态下基本派不上用场的高级精神能力，在进步主义者华莱士当时看来，仅凭达尔文式的科学自然主义而不引入设计论或目的论是难以理解的。华莱士最初尝试过沿着达尔文的思路，运用纯粹的自然选择理论解释人类的由来，并同时寄希望于自然选择机制本身即能够保障"人间天国"的实现。在人类的体质进化及人类不同种族的起源

---

① Johnson, "Direct Selection for Reproductive Isolation: The Wallace Effect and Reinforcement", *Natural Selection and Beyond: The Intellectual Legacy of Alfred Russel Wallace*, eds. Charles H. Smith and George Beccaloni, New York: Oxford University Press, 2008, pp. 120–124.

的问题上，华莱士并没有遇到太大的阻力，但在人类的精神进化方面，尤其涉及人性、道德及社会正义的起源—进化问题之时，他的强适应主义纲领在达尔文式的自然主义框架内终于无法再顺利地贯彻下去。为了维护进步主义的乌托邦理想，同时不放弃他的强适应主义立场，华莱士决定修正自然主义的框架——以"超自然主义"的唯灵论为之"扩容"。

从马来群岛归来以后，华莱士积极融入伦敦的科学圈之中。他至少加入了林奈学会、人类学会、地理学会、种族学会、动物学会、昆虫学会与科学促进会七个学术组织，并频繁地出席会议，踊跃地提交论文。他花了大约两年的时间来系统整理从马来群岛采集回来的大量标本，对物种问题的看法也更加成熟。此时对华莱士影响最大的进化论著作，除了达尔文的《物种起源》，当数斯宾塞的《社会静力学》（*Social Statics*: *or, The Conditions Essential to Human Happiness Specified, and the First of Them Developed*）以及"综合哲学体系"系列作品，尤其是《第一原理》（*First Principles*）。两人的作品坚定了华莱士在唯物主义的方向上发展自然选择学说的信心。像"达尔文的斗犬"赫胥黎一样，华莱士也勇敢地起而捍卫在当时争议较大的达尔文主义人猿同祖论。然而华莱士所在的伦敦人类学会（Anthropological Society of London）却是一个不为赫胥黎所认同的激进组织，其中成员皆为男性且多有种族主义倾向，甚至自称学会为"食人族俱乐部"（Cannibal Club）。[①] 华莱士并

[①] Moore, "Wallace in Wonderland", *Natural Selection and Beyond*: *The Intellectual Legacy of Alfred Russel Wallace*, eds. Charles H. Smith and George Beccaloni, New York: Oxford University Press, 2008, p. 357.

不是种族主义者，但算得上是一名欧洲沙文主义者，他在伦敦人类学会上找到了阐发人类进化问题的理想平台。1864年3月，当达尔文还在谨慎地回避正面讨论人类问题时，华莱士已经在"人类学会"会议上公开宣读了一篇运用自然选择原理解释种族差异起源的人类学论文，成为英国第一位涉足人类进化问题的"达尔文主义者"。

这篇论文的题目为《由"自然选择"理论推论人类种族起源及古人类的进化》（"The Origin of Human Races and the Antiquity of Man Deduced From the Theory of 'Natural Selection'"，以下简称《人类起源》），它是迄今为止华莱士被引用频率最高的著作之一。这篇论文集中体现出华莱士在转向灵学之前科学进化论研究的整体进展，也反映出他的自然选择万能论遇到了难以突破的瓶颈，走到了一个关键性的十字路口。

关于人类种族的多样性，当时的种族主义者们持一种多元起源说，相信不同人种有不同的祖先，因此实质上应属于不同的物种，并相信从"最接近猿类"的黑色人种到最"优越"的白色人种之间存在着一个从低到高的等级序列。达尔文的态度则是支持单一起源说，认为人类源于共同的祖先，属于同一个物种，因此也拥有平等的人性，种族差异只是在进化过程中由自然选择或性选择造成的种内变异。[①] 华莱士的论文则在二者之间做了巧妙的折中：一方面，他承认人类各种族通过自然选择起源于共同的动物祖先；另一方面，他承认不同种族在进化过程中形成了差

---

① Darwin, *The Descent of Man and Selection in Relation to Sex*, London: John Murray, 1906, pp. 258–259.

别，这种差别不仅是身体上的，更重要的还是智力与道德上的。而欧洲人与丛林中的"野蛮人"相比，在这三个方面都是优越的：

> 正是"在生存斗争中最优越种族保存下来"的伟大法则，导致那些体质弱而头脑不发达的人群在与欧洲人的接触中不可避免地趋于灭绝。北美与巴西的红种印第安人，南半球的塔斯马尼亚人、澳大利亚人以及新西兰人的逐渐消失，并非出于什么特殊原因，而仅仅是进行脑力与体力上不平等的战争的必然结果。除了在体质上，欧洲人在智力与道德上也同样是优越的，同样的力量与才能使得他们得以在几个世纪之内迅速崛起，以少数而稳定的人口达到了当今的文化与进步水平，拥有了更长的平均寿命、更强壮的一般身体状况以及更快地增长人口的能力，——使他们在与野蛮人相遇时，以牺牲野蛮人为代价在生存斗争中取得征服者的地位，就如同动植物界优势变种以劣势变种为代价增加数量一样，例如欧洲的野草在北美与澳大利亚恣情生长，凭借它们机体的内在生命力以及生存繁殖上的更高能力灭掉了本地的物种。①

此时在华莱士看来，用达尔文主义解释人类起源于野生动物还是没有太大问题的。种族之间在体质上的差别无非是在不同的自然环境中适应生存的结果，例如人类的不

---

① Wallace, "The Origin of Human Races and the Antiquity of Man Deduced From the Theory of 'Natural Selection'", *Journal of the Anthropological Society of London*, Vol. 2, 1864, pp. clxiv – clxv.

第三章 进化论与唯灵论的综合

同肤色与动物的不同毛色，在进化的意义上应该是一回事。但华莱士在这篇文章中强调了人类进化的特殊性，指出特殊的精神能力，尤其是正义感与同情心，是人类相对于其他动物的独特性所在，因此精神的进化才是真正意义上的人类进化：

> 如果这些观点是正确的，如果随着人类社会、道德及心智能力的发展，他的身体结构不再受到"自然选择"机制的影响，我们就可以获得关于种族起源的最重要的线索。因为由此推论，那些将人从动物界区分出来的最显著而常见的特征，就有可能是自然选择的力量由作用于身体的变异转向作用于精神的变异所导致并予以保持的。因此，它们一定是在种族的幼年时期就已存在了，它们也一定是起源于这样一个时期：人类过着群居但还难说是社会化的生活，具备了有理解力但还不懂得反思的心灵，正义的意识与同情的感觉还完全没有在他们身上发展起来。①

沿着这一思路，华莱士出色地阐释了种族间外貌差异的自然选择起源。在他看来，人类身体上的特征可能只是在从动物界分离之初的进化产物，对于种族优劣的分化而言意义不大。值得注意的是，华莱士在这里运用了达尔文所喜欢的"相关性"原理：

---

① Wallace, "The Origin of Human Races and the Antiquity of Man Deduced From the Theory of 'Natural Selection'", *Journal of the Anthropological Society of London*, Vol. 2, 1864, p. clxv.

开动想象力，就可能认识到早期人类是作为一个还没有语言能力、也许居住在热带地区某处的一个单一的种族而存在的。他们像有机界其他生物一样，仍然服从于"自然选择"的作用，其身体形态与结构跟周围万物保持一致。然后，他们一定甚至成为了一种占主导地位的种族，广泛散布于地球当时存在的较温和的地带，并且与我们现在看到的其他强势物种一样，渐渐发生符合当地环境要求的变异。当他们渐渐远离发源地，暴露在更为极端的气候之下，食物来源也发生较大的改变，并且必须面对有机界与无机界的新的敌人，有用的体质变异就被选择而永久保存下来，并在"生长的相关性"原则之下发生外形上的相应改变。如此，那些区分人类几大种族的显著特征与特殊变异就出现了：红色、黑色、黄色或者粉白色的皮肤；直发、弯发或者羊毛卷；稀胡须与大胡子；直眼睛与斜眼睛；各种形态的骨盆、颅骨以及骨骼的其他部分。①

一方面，华莱士要为人类单一起源论辩护，说明体质的差异并非共同祖先的反证；另一方面，他又要为种族存在优劣之分的"现实"提供进化上的解释。于是华莱士将人类的体质进化与精神进化区别对待，认为只有在精神进化的过程中，不同种族才从共同的状态之中分化出来。而在精神进化，或者说"真正的"人类进化开始之后，人类

---

① Wallace, "The Origin of Human Races and the Antiquity of Man Deduced From the Theory of 'Natural Selection'", *Journal of the Anthropological Society of London*, Vol. 2, 1864, pp. clxv – clxvi.

体质上的进化就停止了，此前的体质差异也因此保留下来，而自然选择继续塑造出新的精神特征：

> 但是随着这些变化的持续发生，他们的智力发展也相应地向前推进，最终开始强有力地影响着人类的整体生存状况，因此也开始受到不可抗拒的"自然选择"的作用。这一作用将很快赋予心灵以统治地位：语言可能是最先发展出来的，同时带动精神能力的稳步前进，从此以后人类在身体形态上就保持稳定了。制造武器的技艺、劳动的分工、对未来的预见性、对欲望的克制、道德感、社会责任感以及同情心将对人类的福祉产生主要的影响，因此也成为"自然选择"最强有力地作用于其本性之上的那一部分。由此，我们就解释了人类为何仅仅在身体特征方面保持奇妙的稳定性。对于那些提倡人类统一性的人们，这是一块绊脚石。①

华莱士就这样搬掉了这块"绊脚石"，由此他既可以说明人类是单一地起源于共同的祖先，又可以说明人类种族确实发生了优劣的分化。接下来，他开始运用自然选择学说论证种族的精神差异：

> 因此，我们现在能够协调人类学家在此问题上相互冲突的观点。人类也许，实际上我相信一定如此，

---

① Wallace, "The Origin of Human Races and the Antiquity of Man Deduced From the Theory of 'Natural Selection'", *Journal of the Anthropological Society of London*, Vol. 2, 1864, p. clxvi.

曾是一个统一的种族；但其所处的是一段我们尚未发现遗迹的时期，一段在历史上如此久远的时期，他们还没能拥有奇妙的发达的大脑，这心智的器官，如今甚至使最低等的人类都远高出最高等的野兽；——一段人类已经拥有人的形态但几乎还没有人性（the nature of man）的时期，当时他们既没有掌握人类语言，也没有获得同情心与道德感，而这些特征如今或多或少而无处不在地将这一种族区分开来。就在这些真正的人类能力得到发展的同时，人的身体特征固定下来并持久不变，因为后者对于人类的福祉已经不是那么重要了；他们从此通过心智的进步，而不是通过身体的改变来与周围缓慢变化着的万物保持和谐。因此，如果我们认为直到这些高级能力发展出来之后，人才真正变成了人，我们才可以公道地宣称人类有许多支起源不同的种族；同时，如果我们认为一种只在形态结构上与我们相似，而在精神能力上并不比野兽高明的生物仍然必须被看作是人类的话，我们就完全有权坚持认为所有的人类有着共同的起源。[①]

华莱士在此时认为，既然自然选择如同塑造体质特征一样塑造了人类特有的精神能力，那么在精神能力的进化过程中，就会产生智慧与道德上的"最适者"。并且由于人类的智慧与道德能力具有改造自然与互惠利他的特性，随着精神进化的展开，人类社会可能会渐渐减少以至于最

---

① Wallace, "The Origin of Human Races and the Antiquity of Man Deduced From the Theory of 'Natural Selection'", *Journal of the Anthropological Society of London*, Vol. 2, 1864, p. clxvi.

终消除残酷的"生存斗争",从而实现一种生物界前所未有的个体与环境、个体与个体之间和谐共生的新局面。在《人类起源》的结尾,华莱士描述了这幅美妙的乌托邦景象:

> 在结束对这一重大话题的简短讨论之前,我想指出其中有关于人类种族未来的方面。如果我的结论是公平的,那么不可避免地,更高级的——更智慧与更道德的种族——一定会取代更低等更堕落的种族;"自然选择"的力量持续作用于精神组织,必将导致人类的高级能力与周围的自然环境,以及与社会状况的急切需要更为完美的适应。他们的外在形态也许将一直保持不变,除了还有些由一个健康而机能完善的身体所带来的那种趋于极致美观的发展倾向,因最高级的认知能力与相通的情感而愈益显得优雅而尊贵,而他们的精神构造将会继续改进与完善,直至世界再一次为一个统一的单一种族所占据,其中的每个个体都不低于现存人类当中的最高贵者。每个人实现自身的幸福都将与他人的幸福息息相关;既然充分和谐的道德能力将不再容许任何人侵犯他人平等的自由,行动上完美的自由将得以维持;因为每个人都将由最好的法律所指引,强制性的法律将不再被需要;彻底的正义感,完美的同情心,关乎人类的一切;强制性的政府将因无必要(因为每个人都将懂得如何管理自己)而消亡,并由完全以公众福利为目标的志愿者联盟所代替;激情与动物性将被约束在最有助于幸福的范围之内;而人类将终于发现,唯一需要做的,就是

发展他们更高品质的能力，以此将这一直是其放纵激情的剧场的地球，以及难以想象的悲伤场景，转变成为一座曾令先知与诗人魂牵梦绕的光明乐园。[1]

应该说，华莱士这一项达尔文主义的人类学成果还是相当出色的。达尔文对此称赞有加，甚至表示愿意把自己在人类进化问题方面的笔记资料交由他代为研究。[2]《人类起源》中的进步主义前景固然是美好的，华莱士的论证初步看起来也不失逻辑严密性，然而真正的理论难题刚刚浮出水面。华莱士预设了自然选择对人类特殊能力的开发与维护，即"赋予心灵以统治地位"，然而实现这一飞跃的机制细节在这篇论文中并没有被涉及。人类的精神进化如何开始？自然选择如何保证精神进化的"进步"方向？这是华莱士必须回答的问题，而他随后给出的答案却是出乎达尔文意料之外的：他找来了"灵魂"为自然选择解围，由此终于迈出了通往灵学进化论的关键一步，将唯灵论与进化论综合了起来。

---

[1] Wallace, "The Origin of Human Races and the Antiquity of Man Deduced From the Theory of 'Natural Selection'", *Journal of the Anthropological Society of London*, Vol. 2, 1864, pp. clxix – clxx.

[2] Schwartz, "Darwin, Wallace, and the 'Descent of Man'", *Journal of the History of Biology*, Vol. 17, No. 2, Summer 1984, p. 272.

第四章 "人"进化为"灵"

人类进化问题成为华莱士在进化论中引入唯灵论解释的契机。在人类起源的问题上，华莱士与在性别二态性、杂交—杂种不育问题上的态度一致，仍然以自然选择作为唯一的进化机制，寻求强适应主义的解释。但有所不同的是，这一次华莱士在坚守"自然选择"的"内涵"的同时，开始尝试调整它的"外延"。迫使他突破原有底线的是人类高级精神能力的起源问题。在1864年的人类学论文中，华莱士大致勾勒出人类通过自然选择而起源，并向着乌托邦社会的方向进步式进化的可能过程，所欠缺的只是对（决定人之为人的）从体质进化主导到精神进化主导这一转换升级过程的具体讨论。按照达尔文的想法，华莱士下一步应该为人类高级精神能力的起源及精神进化的过程提供更多的科学论证，继续像他在前两个分歧问题上那样原原本本地以自然选择原理探索生物适应的细节。但华莱士并没有在达尔文希望看到的方向上走下去，尽管强适应主义的立场并没有改变，但在"仅凭自然选择机制盲目的物质性力量是否真能导致人性的高贵与社会的和谐"这一点上，他丧失了与达尔文一样的耐心与冷静，令人吃惊地投靠了灵学家的阵营。在华莱士"异端"行为的刺激下,达尔文再一次由幕后走到台前,如同当时推出《物种起源》一样,不失时机地推出了《人类的由来》,运用他容纳多元机制(如性选择、相关律、泛生论等)的自然选择理论为人类的自然进化做辩护。①

达尔文是维多利亚时代"科学人"的典范,在形而上学问题上,他们一般自我定位为"不可知论者"(agnostic),认为无法通过科学证实或证伪上帝的存在,也不能在经验范围内把握超验的问题。不可知论者在传统神学与无神论之间保持一个平衡,从事的却是严格自然主义意义上的科学研究。华莱士早年也经历过一个短暂的"不可知论者"时期,之后"再没能使他的科学与宗教分离,并经常宣称二者同样基于观察到的可靠事实"。② 因此,当现代唯灵论运动在英国风靡,华莱士在降神会上看到的不仅仅是神秘的灵魂显现,而且还是"基于观察到的可靠事实",以及透过它显露出来的当前自然科学的局限性。通过从1865年到1867年的摸索,华莱士最终接受了唯灵论,这时他开始重新审视人类精神能力的自然进化问题。这一次,唯灵论成为发展"达尔文主义"的理论工具,而"高级智能"或"超级智能"(华莱士使用过的表述包括higher intelligence, Overruling Intelligence, Supreme Intelligence, superior intelligence 等)替代了传统创世宗教中的上帝,进步主义与科学自然主义又在进化论的框架内结合起来。最终,华莱士没有跟随达尔文在"不可知

---

① Schwartz, "Darwin, Wallace, and the 'Descent of Man'", *Journal of the History of Biology*, Vol. 17, No. 2, Summer 1984, p. 279.

② Campbell, "The Optimist in Science and in Life", *Evening Standard and St. James's Gazette*, April 1916, quoted in Fichman, op. cit., p. 208.

论"名义下的科学自然主义道路上走得更远,他选择了忠于早年的进步主义理想。如果说达尔文的进化论宣告了世俗主义时代的来临,华莱士则在这个时代的"黎明前的黑暗"中利用"达尔文主义"开创了一门新的宗教。

第一节 "书评"中的自然选择

发表《人类起源》之后的第五年,华莱士再次回到人类进化的问题上来。就在这五年期间,他已经成为一名唯灵论者甚至灵学家,在他的作品列表之上开始出现灵学方面的著作,唯灵论成为他此后写作生涯中的一大主题。根据舍尔默的统计,灵学类文章的数量在华莱士的作品中占了7%的比例。[1] 华莱士曾在科学界的同事中间宣传灵学,他邀请他们一同参加降神会研究"奇迹"并分发他的唯灵论小册子。这件事达尔文当然不会不知道,但一直到了1869年,达尔文才看到华莱士在自然选择学说中加入了唯灵论的成分。

1868年,在《马来群岛》完稿之际,华莱士曾参加了英国科学促进会年会上一场题为"达尔文主义的困难"的报告,报告者莫里斯(Revd, F. O. Morris)在随后发表的报告论文中记录了当时他与华莱士的讨论:

……关于道德与智慧的能力能否由自然选择发展

---

[1] Shermer, *In Darwin's Shadow: The Life and Science of Alfred Russel Wallace: A Biographical Study on the Psychology of History*, New York: Oxford University Press, 2002, p. 17.

而来，是达尔文先生尚未发表任何看法的一个话题。他（华莱士先生）不相信达尔文先生的理论会完全解释那些精神现象。①

这场讨论中透露出的观点是华莱士偏离达尔文路线的前兆，史密斯对此评论道：

> 这是他与达尔文在人类高级属性进化原因的问题上出现分裂的首次公开表现——分裂不是基于对他自然选择思想的归纳，而是基于一种"通过法则创世"（Creation by Law）与"适者进步"的唯灵论模式的思想联姻。②

重审人类进化的问题也是出于华莱士当时论战的需要。1868年9月，后来成为优生学家的社会问题评论作家格莱格（William R. Greg）匿名发表了论文《论"自然选择"在人类问题上的失败》（"On the Failure of 'Natural Selection' in the Case of Man"），文中指出由于人类的社会机制会对体质或精神上的弱者实行保护，自然选择并不能如华莱士在1864年《人类起源》中所预言的那样实现人种的改良及社会的进步。文章在杂志上引起了广泛的讨论，褒贬不一，有人以神创论反驳格莱格，认为人类是

---

① Morris, "Discussion of Rev. F. O. Morris's 'On the Difficulties of Darwinism'", *The Athenæum*, September 1868, p. 373.

② Smith, "Wallace, Spiritualism, and Beyond: 'Change', or 'No Change'", *Natural Selection and Beyond: The Intellectual Legacy of Alfred Russel Wallace*, eds. Charles H. Smith and George Beccaloni, New York: Oxford University Press, 2008, pp. 409 – 410.

"上帝的计划"下"超自然选择"（supernatural selection）的结果，有人则指出自然选择在作用于人类的高级属性时本身性质也发生了改变。半年之后，在一篇关于（标志着赖尔转向达尔文主义的）第十版《地质学原理》及第六版《地质学基础》（Elements of Geology）的书评中，华莱士对这些讨论做出回应，说出了他在这一问题上的真实想法。①

书评发表之前，在1869年3月24日信中，华莱士向达尔文透露了他最新的思想动向，暗示他的自然选择万能论将面临一次重大调整：

> 在《季度》上即将发表的文章中，我将首次冒险指出自然选择力量的某些局限。恐怕赫胥黎或者您本人会认为这很弱，够不上哲学，我只是希望您知道我绝对不是为了哗众取宠，——您知道我不会那样做，我只是为了表达一种基于证据的确信，这证据我没有提到过，但对我而言却是颠扑不破的。②

达尔文知道，华莱士所说的"证据"就是他一直宣称的"奇迹"。在3月27日的回信中，达尔文表示："我将非常好奇读到这一期《季度》，但我希望您对您孩子和我

---

① Smith, "Wallace, Spiritualism, and Beyond: 'Change', or 'No Change'", *Natural Selection and Beyond: The Intellectual Legacy of Alfred Russel Wallace*, eds. Charles H. Smith and George Beccaloni, New York: Oxford University Press, 2008, p. 410; Schwartz, op. cit., p. 276.

② Kottler, "Charles Darwin and Alfred Russel Wallace: Two Decades of Debate over Natural Selection", *The Darwinian Heritage*, ed. David Kohn, Princeton NJ: Princeton University Press, 1985, p. 420.

孩子的谋杀还没有太彻底。"[1]终于，在1869年4月的《季度评论》(*Quarterly Review*)上，刊出了华莱士的匿名书评，题目为《赖尔先生论地质气候及物种起源》（"Sir Charles Lyell on Geological Climates and the Origin of Species"，以下简称"书评"）。在"书评"中，华莱士坚持了先前他在人类体质进化上的观点，但对于自然选择作用于人类特殊精神能力的机制作了一种新式的"类神学"考察，其要点有二：第一，对于人体的某些非适应性特征，由从前视为"相关律"作用下自然选择的副产品，修正为适应性精神特征的附属品；第二，人类特殊的精神特征主要包括智慧与道德两个方面，如果它们不能仅凭自然界的盲目力量随机地进化出来，那么就有可能是一种科学上未知的"超级智能"在自然选择中发挥了定向引导的作用。

"书评"用主要的篇幅评价了赖尔地质学理论在反对神学灾变论以及驳斥拉马克主义方面的贡献，指出了达尔文主义与拉马克主义的不同，又赞扬了赖尔在人类起源于低等动物的问题上坚持逻辑一贯性的勇气。但就在这里，他没有接着阐释赖尔的人类学观点，而是提出了自己对人类进化问题的最新看法：

> 通过采纳达尔文先生的观点，查尔斯·赖尔爵士得出了关于人类起源于低等动物的合理推论，他没有在这种逻辑必然性面前退缩，并写出了非常有趣的一章"人类的起源与分布"。然而，我们现在不能进入

---

[1] Marchant, ed., *Alfred Russel Wallace: Letters and Reminiscences*, Volume I, London: Cassell, 1916, p. 241.

这一话题，我只是想简要评论一下问题的某些方面，迄今所有就该问题写过东西的人似乎都忽略了它们。①

如果说 1858 年的《倾向》是华莱士一生命运的转折点，那么这里就是华莱士进化思想命运的转折点。前文中已经交代过，时代大环境以及个人成长经历的影响都决定了华莱士的进化论从来就不是达尔文的进化论，华莱士也无法取代达尔文在科学史上的正统位置。然而华莱士并非不懂得韬光养晦的道理。在达尔文掀起科学革命之时，华莱士是为《物种起源》中的新学说保驾护航的骑士与先锋，十年之间努力与达尔文统一理论口径，并未在科学界惹出争议。但从"书评"开始，华莱士科学思想中"异端"的一面显露了出来。就"书评"的原始文本来分析，首先，自然选择在人类精神进化方面的能力开始受到限定，这相当于是变相承认了格莱格的观点：

> 以下事实似乎是非常不可能的：整个动物界，从最低等的植虫类（zoophytes）到马、狗、猿，本应在自然选择的简单作用下发展而来，而作为动物的人类，在所有主要特征以及机体的许多细节上都与它们一般无二，却是由一些非常不一样的未知方式塑造而成。但是，如果地质学的研究与解剖学家的探索必将显示人类来自低等生物，就如同这些生物之间存在进化的承继关系一样，我们就不应因此拒绝相信，或放

---

① Wallace, "Sir Charles Lyell on Geological Climates and the Origin of Species", *Quarterly Review*, April 1869, p. 391.

弃证明：人类的智慧能力（intellectual capacities）与道德本性（moral nature）并非全然经由同样的过程发展而来。①

至于精神进化与体质进化之间的界限何在，华莱士的理由很简单——心物二分，机械论的自然科学理论无法揭示心灵意识的本质，物质性的机械法则不适用于精神世界，主导进化的自然选择机制也不例外：

> 无论是自然选择，还是更一般的进化理论，都无法对有感知或有意识的生物起源事件给出任何解释。它们也许教导我们，在化学、电学或更高级的法则作用下，生物身体能够形成、生长、自我复制，但我们甚至无法理解那些法则以及这种成长过程能够赋予重新排列组合的原子以意识。而人类的道德与更高的智慧本性如同有意识的生物初现于世一样，是独一无二的现象，几乎同样难以用任何进化法则解释其起源。②

异议的突破口仍然在于非适应性特征的存在。在1864年的《人类起源》中，华莱士本来将人类的体质特征归因于种族分化之前自然选择的直接或间接的产物，不仅"有用的体质变异就被选择而永久保存下来"，一些未必具有直接适应意义的性状如皮肤、毛发、骨骼等，也有可能"在'生长的相关性'原则之下发生外形上的相应改变"。

---

① Wallace, "Sir Charles Lyell on Geological Climates and the Origin of Species", *Quarterly Review*, April 1869, p. 391.

② Ibid., p. 391.

而在"书评"中，华莱士又明确指出了几种他认为更不好解释的、不符合适应主义原则的人体特征：

> 我们甚至可以再进一步，坚持认为人类种族身上有一些特定的纯粹身体特征，不是凭着变异与最适者生存的理论就可以解释的。大脑、言语器官、手以及人的外形，在这方面尤其成问题，让我们来简要地关注一下。

华莱士首先关注的是人类的大脑：

> 据我们所知，史前种族中最低等的野蛮人的大脑，无论在大小还是复杂程度上都不逊色于最高级的人类大脑（例如欧洲人的平均水平），以此我们必须相信，经过两到三千年的渐渐发展，相似的过程能够导致相近的结果。但最低等野蛮人对智力的需求是非常有限的，诸如澳大利亚土著人或安达曼岛人（Andaman islanders），并不高出其他动物许多。更高的道德能力与纯粹的智力，以及精致的感情对于他们是没有用的，也很少表现出来——如果曾经有机会表现的话，这些与他们的需求、欲望或者福祉是没有什么关系的。那么，一种如此超出拥有者实际需要的器官，是如何发展出来的呢？自然选择只能为野蛮人提供略微优越于类人猿的大脑，而他们却确实拥有了仅略微低于我们学术团体成员平均水平的大脑。①

---

① Wallace, "Sir Charles Lyell on Geological Climates and the Origin of Species", *Quarterly Review*, April 1869, pp. 391–392.

其次，是人类的双手：

　　同样的，人类的手也是一种多么奇妙的器官呵，精巧的奇迹由它创造，在人类的教育与智力发展上的作用又是何其之大！整个艺术圈与科学圈的存在归根结底都依赖于我们拥有了这一器官，没有它，我们就几乎不能成为真正的人类。在最低等的野蛮人那里，手同样是完美的，但他们却并不需要如此精良的设备，除了用它无师自通地使用一整套工匠的工具之外，并不能更充分地实现它的功能。但更奇怪的是，这一神奇的设备在灵长类动物身上就预先出现而准备好了。任何人看到这些动物如何使用它们的双手时，都会立即认识到它们拥有了一种超出实际需要的器官。分开的手指与独立的拇指从未被充分运用，抓东西时的笨拙，表明一种远不是如此特殊化的抓取器官也能实现同样的目标。如果真是这样，它就不可能是单独在自然选择的作用下形成的。[①]

再次，是人类美观而对称的外形特征，尤其是光滑无毛的体表：

　　我们再进一步提问——人类是如何获得直立的姿势、微妙的表情、整体外形上惊人的美观与对称性的呢？这是一种与众不同的外形，在许多方面区别于所

[①] Wallace, "Sir Charles Lyell on Geological Climates and the Origin of Species", *Quarterly Review*, April 1869, p. 392.

第四章 "人"进化为"灵"

有的高等动物,并且这种区别本质上不同于其他动物之间的彼此差异。那些常在野蛮人中间居住的人们都知道,人类中甚至是最低等种族的成员,如果够健康,吃得够饱,也能完全展现出人类对称又完美的体态。他们全都拥有着柔软光滑的皮肤,脊线上完全不生毛发,而所有其他的哺乳动物,从有袋类到类人猿都长着最为浓密的毛发。我们能想象得到这种精致的美与对称性,如此不同于与人类最接近的亲缘物种,有什么用处吗?如果这些变异对于人类的身体没有什么用途,或者如果,正如裸露的皮肤几乎确定地表现出来的那样,它们最初应该是一种非常实际的弱点——我们知道,它们不可能是由自然选择造就的。[1]

最后,是人类的言语器官:

同样的思路也可适用于考察人类的言语器官与语言功能,既然这些同样难说是最低等野蛮人的身体优势。如果不是的话,神经与肌肉如此微妙的安排就不能是由自然选择发展配备而来的。这一观点可得到如下事实的支持:在词汇量最贫乏的低等野蛮人中,说出一连串清晰语音、并以此制造出几乎无限多样的韵律及语调的能力,丝毫不逊色于更高等的种族。这又是一种超出拥有者需要的发展上的优势。[2]

---

[1] Wallace, "Sir Charles Lyell on Geological Climates and the Origin of Species", *Quarterly Review*, April 1869, p. 392.

[2] Ibid., p. 393.

这一次，华莱士没有退后一步沿着达尔文的"相关律"或"性选择"的方向走，而是"倒果为因"，索性把这些非适应性特征都归为精神进化的体质基础，这样，这些身体特征就不再是体质进化的产物（结果），而是精神进化得以进行的工具（原因）。文中华莱士主要以第三种特征为例，说明了它们与人类的智慧、情感及道德起源之间的关系：

> 然而我们也能够很好地理解，这些特征对于完美人类的正确发展是必要的，我们在外形与面容上极度的美观很可能是我们所有美学观念与情感的源泉，如果我们只是保持着直立的大猩猩那样的形态特征，这些都不太可能出现。我们裸露的皮肤使衣着成为必要，立刻激发了我们的才智，通过发展出个人谦逊的感觉，也可能极其深远地影响了我们的道德本性。①

由此，华莱士在理论上进一步压缩了自然选择的作用范围，或者说他使之进一步明确化。《人类起源》中的自然选择不再干涉人类种族分化之后的体质进化，而在"书评"中，精神进化也不是它可以独自左右的了。很明显，人类进化问题此时已被华莱士划入到一个特殊的生物学领域，与其他生物的进化问题区别对待。在这一点上他与赖尔非常相近，赖尔也认为智慧与道德特征是人类所独有

---

① Wallace, "Sir Charles Lyell on Geological Climates and the Origin of Species", *Quarterly Review*, April 1869, pp. 392–393.

的，并有可能是通过某种超自然的方式先验地预备给人的。古尔德曾撰文指出：

> 赖尔的观点代表了自然史学家中一种司空见惯的思想倾向——在自己所属的物种周围竖起尖桩篱栅，上面的标志牌上写着："到此止步。"……论述的具体形式不同，意图却从来都是一样的——把人类从自然界分离出来。在大标语的下方，赖尔的篱栅声称"道德秩序开始于此"，华莱士的则写着："自然选择不再有效。"[1]

强调人类在自然界的特殊地位，要求进化论者在两条道路之间做出选择：或者在科学自然主义的方向上勇往直前，获得更多关于人类进化特异性的科学依据；或者退回到神学超验主义，通过预设超自然因素的"奇迹"干涉，将进化原理整合到人类中心主义的教条之中。但华莱士试图寻找一条中间路线，他要借助唯灵论与进步主义调和科学与神学。

第二节 高级精神能力的进化

在高级精神能力进化的问题上限定自然选择的作用，将"适应"划分为两个层次，就化解了"自然一贯"与"人类特殊"的矛盾。在自然进化的意义上，高级精神能

---

[1] Gould, *The Panda's Thumb: More Reflections in Natural History*, New York and London: W. W. Norton & Company, 1980, p. 136.

力属于非适应性特征，为自然选择所淘汰；而在社会进化的意义上，它们则属于适应性特征，为自然选择所维护。很明显，这里最大的问题在于"社会进化"的层面本身如何"自然"地出现。按照华莱士"书评"中的思路，一些特殊的体质特征是作为精神进化的生理基础而预先准备好的，而且其本身并不是自然选择的结果，那么，它们是如何起源的呢？

从华莱士的回答中可以看出，他此时对非适应性特征问题的处理，已与在性选择问题及生育隔离机制问题上的态度相当不同。当时他探讨的是"适应"的可能性，并致力于为适应主义解释寻找经验证据的支持；而在人类的问题上，"适应"似乎具有了某种必然性，适应主义因此成为一种先验原则，需要在另一层面给出额外的解释。此时，自然选择机制虽然依然是实现进化的唯一动力因，但"进步"成为凌驾于自然选择之上的目的因。对于科学研究而言，这种"目的因"的存在及作用方式当然也是需要论证的，华莱士并没有逃避问题，他的思路包括实质性的两步：第一，为"进步"寻求"超自然"的解释；第二，将"超自然"划入"自然"。这种目前仍被视为"超自然"的力量，不是传统宗教中的神，而是一种当今科学尚未把握到的神奇力量：

这是一个很大的话题，正确阐释它需要大量的篇幅，但我们认为，现在说得已经够多，足以为那些不接受进化理论表达了关于人类起源的全部真理的人们指明一种新观点的可能性。若充分承认人类的起源与所有生物的起源一样，都是以相同的生物发展的伟大法则为中介，似乎仍有证据表明，有一种力量（Power）指引那些法则沿确定的方向并向着特定的目的发挥了作用。[①]

这样，华莱士对上述问题的回答实际上就是：它们是超自然选择的结果——有一种超级力量操控了自然选择的作用方向。由此可知，对于人类由来之谜，华莱士给出的破解方案中还是保留了自然选择独一无二的地位，只不过他为原本盲目的自然过程设立了一个超越于人类之上的引导者，使之具有了方向性。"引导者"有意识地运用自然选择机制，有选择地保留符合它意愿的性状特征或特定物种——自然选择学说由此成为一种"超自然选择学说"（hyper-selectionism）。[②] 显然，上面引文中提到的"力量"很容易让人联想到传统宗教文化中的神意奇迹或神秘魔法，但华莱士强调他的思路遵循的依然是均一论原则，是科学的而非神话的，与上帝创世论的教条也有着本质的区别。他承认这种力量的类超验性，并指出对于人工驯养生物而言，人类的意识也是相对超验的，既然人类能够有目的地控制自然界生物的进化过程，其自身的进化过程当然也有可能被另一种具有更高智能的生物控制。按照这一逻辑，可以将人类进化理解成智能生物被更高级智能生物"驯养"的过程。实际上，华莱士在"书评"中不仅表达

[①] Wallace, "Sir Charles Lyell on Geological Climates and the Origin of Species", *Quarterly Review*, April 1869, p. 393.

[②] Shermer, *In Darwin's Shadow: The Life and Science of Alfred Russel Wallace: A Biographical Study on the Psychology of History*, New York: Oxford University Press, 2002, p. 209.

了对均一论的忠诚,还主动与传统神学划清界限,并暗示出决定人类命运的超智能精神实体仍可被看作是一种生物,因其对自然进化所施加的控制力并非不可思议,而是可能与人类已知的自然法则放在一起被均一论地理解甚至规律性地把握。在这里他称这种类超验实体为"更高的智能"(Higher Intelligence):

> 这一观点非但绝对不与科学教导相冲突,还与现在发生在这个世界上的事实之间存在着惊人的类比,因而在性质上是严格均一的:人类自身为了特殊的目的引领、改造自然,否则进化法则也许永远不可能独立地产生出优质谷物、无籽香蕉或面包果(bread-fruit),也不会有格恩西奶牛(Guernsey milch-cow)与伦敦拉车马。这些人工改良的生物又与自然界随机生产的产品如此相似,以至于我们可以充分想象一种存在者(being)在过去年代里一直主宰着生物形态发展的规律,而无须相信有任何新的力量加入了进来,并轻蔑地拒绝这样的理论:在少数情况下一种截然不同的智能为了自己的目的干涉了变异、增殖与生存的法则。无论如何,我们知道事实是这样的,因此我们也必须承认这种可能性:在人类种族的发展中,一种更高的智能为了更高贵的目的,引导了同样的法则。[①]

---

① Wallace, "Sir Charles Lyell on Geological Climates and the Origin of Species", *Quarterly Review*, April 1869, pp. 393–394.

第四章 "人"进化为"灵"

这里也是华莱士初次在进化论中引入唯灵论所做探讨的最远处,"驯养"着人类的高级存在者究竟是什么,在这篇书评中并没有明确说明。但结合此前他在灵学著作中宣扬的观点,不难知道他心目中人类的"主人"就是在降神会中"出没"的"灵魂",或者至少是像"鬼魂"一样的精神实体。在华莱士此后的著作中,"灵魂引导人类"的思路渐渐清晰,唯灵论与进化论越来越水乳交融,并在此基础上形成了一套以"意志力—生命世界"为核心概念的自然哲学,又在此基础上阐发出若干以"创造条件配合灵魂意志发展高级精神能力"为核心观点的社会哲学及道德哲学思想。

高级精神能力的进化既然不同于一般的体质进化,"适者生存"的进化法则也就有必要进行修正或者升级,华莱士提出的新概念是"适者进步"。前文已经提到,在1875年收入《奇迹与现代唯灵论》的《超自然的科学方面》中,华莱士提出了物质世界遵循"适者生存"法则,灵魂世界遵循"适者进步"法则的观点,并认为二者之间存在一种"无法割裂的连续性"。这时他正式指出,人类高级精神能力的进化正是在此种"进步"法则的作用下实现的。至此,华莱士的灵学进化论已经基本成形。

但"适者进步"毕竟还不足以成为描述自然进化过程的科学法则,它仍是一个尚无法得到验证的自然哲学命题。因为类超验原理的引入,经过达尔文科学化的进化论在华莱士手中重新具备了形而上学的理论维度。出于这种"再形而上学化"的考虑,华莱士重新审视了"自然选择"的提法。1866年7月2日,他曾写信与达尔文讨论许多人对"自然选择"的误解,建议以"适者生存"取而代之：

  我反复碰到好多聪明人完全不解或全然无视自然选择自动而必要的效应，这让我开始认为是这术语本身，以及您阐述它的方式，对于打动一般博物学家群体来说并不是最适合的，尽管对我们中的多数人而言它既清楚又漂亮。最近有两个误解您的案例……同样的异议也被您的对手屡次提出，我本人就经常在谈话中听到这种论调。现在我认为，问题几乎完全出在您选择使用了"自然选择"一词，又总是把它类比于人工选择的效应，还经常把自然拟人化地描述为"选择""偏爱""只寻找好的物种"，等等。对于少数人，这像日光一样明白，美妙绝伦，但对许多人却明显是绊脚石。因此，我有一个让您的伟大作品（如果现在还来得及）以及未来版本的"起源"杜绝这种误解的可行建议，我想，采纳斯宾塞的术语（他总是优先于"自然选择"使用它）即可轻松有效地实现这一点，即"适者生存"。这一术语是对事实的平实表述，而"自然选择"是对它比喻性的表达，在一定程度上是间接而不准确的，甚至把自然界人格化了——既然她在消灭大多数弱势物种时并没有更多地选择特定的变异。[①]

  根据这封信件的内容，莱斯认为华莱士的提议意在澄

---

 ① Marchant, ed., *Alfred Russel Wallace*; *Letters and Reminiscences*, Volume I, London: Cassell, 1916, pp. 170–171.

第四章 "人"进化为"灵"

清自然选择学说的反目的论特质,为此他称赞华莱士是比达尔文更为严格的"选择论者",因为更多强调自然选择"持续而严格的作用",其观点"在某些方面比达尔文的观点更为优越":

> 最重要的是,华莱士避免对这一原则的拟人化,因此它仍然是一个过程,而不是一种力量(force)。这就允许他避开了仍然困扰着达尔文"自然选择"拥护者们的目的论思想。[①]

然而莱斯只看到了华莱士在为自然选择作为进化的动力因所做的辩护,却没有看到华莱士为进化寻找目的因的良苦用心。结合1869年"书评"中华莱士对人类精神进化的特别考察,以及1875年《奇迹与现代唯灵论》中关于"适者进步"法则的讨论,可以认为他此时清醒而坚定地捍卫自然选择学说的反目的论旨向,并非意在放弃目的论本身,而恰恰因为他已经想到了捍卫目的论的更好的办法。实际上华莱士一生都没有放弃目的论,也没有放弃通过目的论调和科学与神学的努力。在"书评"的结尾,华莱士曾旗帜鲜明地表达了他对实现这一理论理想的向往,走向了与达尔文明显不同的另一个方向:

> 我们相信,在这个最重大的问题上,沿着这一方向,我们将达成科学与神学的真正和解。让我们无畏地承认人类的心灵(它本身就是一种超级心灵活着的

---

① Reiss, "Comment", http://www.wku.edu/~smithch/wallace/S043.htm, 2000.

证据）能够探索，而在相当程度上也已经探索到生物界与非生物界同样遵守的发展法则。也让我们不要在证据面前闭上眼睛，而认识到：超级智能（Overruling Intelligence）看护了那些法则的执行，如此指导着变异并如此决定着它们的积累，最终创造出了充分完美的机体，容许，甚至是有助于我们的精神与道德本性无限定地向前发展。①

达尔文如期读到了华莱士的书评文章，意识到两人之间的分歧已经如此之大。在"因此我们也必须承认这种可能性：在人类种族的发展中，一种更高的智能为了更高贵的目的，引导了同样的法则"这句话的旁边，达尔文只评注了一个加了三条底线的"不"字，后面还"跟着一阵感叹号雨"，随即他写信给赖尔（1869年5月4日）表达了他的复杂心情：②

> 华莱士的文章令我叹为观止；他多么好地展现了您在30年前实现的那场革命。当时我想我是充分赞赏了这场革命，但对居维叶（Georges Cuvier）的撷英还是令我吃惊。多好的自然选择草案啊！然而涉及人类，还是令我非常失望，在我看来这真是令人难以置信地奇怪……如果不是知道实情，我会发誓这一定是

---

① Wallace, "Sir Charles Lyell on Geological Climates and the Origin of Species", *Quarterly Review*, April 1869, p. 394.

② Kottler, "Alfred Russel Wallace, the Origin of Man, and Spiritualism", *Isis*, Vol. 65, No. 2, Jun. 1974, p. 152.

他人之手添加进去的。而我相信您会相当不认同这一切。①

在 4 月 14 日写给华莱士的信中，达尔文评价了"书评"的内容，并赞扬他对赖尔地质学贡献的传播以及对"我们的观点与拉马克观点不同之处的讨论"，但对于他在人类进化问题上的新观点，则表示异议：

> 完完全全地，我看到您那标志着我们观念的又一重大胜利的文章出现在《季度》上。我猜您在人类问题上的那些评论就是您事先在信件中暗示的东西。如果您不告诉我，我还以为那些是别人加上去的呢。如您所料，我令人难过地与您的不同，对此我非常遗憾。
>
> 我看不出在人类的问题上诉诸一种额外的近似解释有什么必要性，而这一话题对于一封信来说又太长了。
>
> 我特别高兴读到您的论述，因为我现在正在写作及思考好多关于人类的问题。②

从此以后，两人在人类进化的问题上渐行渐远。沿着华莱士此时的思路，下一步需要论证的是如何理解这种引导进化的"更高级的智能"。

第三节 超级智能

1870 年，华莱士将从前的科学论文结集成《自然选

---

① F. Darwin, ed., *Life and Letters of Charles Darwin, Including an Autobiographical Chapter*, Volume III, London: John Murray, 1887, p. 117.

② Marchant, ed., *Alfred Russel Wallace: Letters and Reminiscences*, Volume I, London: Cassell, 1916, pp. 242–243.

择理论文集》（以下简称《文集》）出版，其中收录了1855年的《规律》与1858年的《倾向》，以及此前他在动物本能、拟态问题等方面的代表作。文集的最后是两篇专门探讨人类进化问题的文章，第一篇为1864年《人类起源》的新版本，题目改为《自然选择律作用下的人类种族发展》（"The Development of Human Race Under The Law of Natural Selection"，以下简称《人类发展》）。文中所做的修改不多，但在最后的结论部分添加了一段涉及超级智能的内容，补足了此前关于自然选择如何确保人类精神升华并实现社会进步的逻辑细节：

> 我们向着这一结局的进步是非常缓慢的，但这似乎仍然是一个进步的过程。我们现在正生活在一个不寻常的世界历史时期，归功于科学的惊人进展以及大量的实践后果，给予了社会太低的道德与智识，此时我们要知道如何最好地运用它们，知道它们最终是对谁的祝福又是对谁的诅咒。在当今的文明国家中，对于担保道德与智慧的永久进步，自然选择似乎不可能起任何作用；因为无可争议地，总是那些在道德与智慧上普普通通的人，如果不是低能的人的话，在生活中最为成功又繁殖得最快。而无疑有一种进步倾向——总的来说是稳定而持久的——影响着高尚道德的大众观念，以及对智慧提升的普遍渴望；而正如我不能以任何方式将之归因于"适者生存"，我被迫得出如下结论，即这要归因于使我们如此不可限量地高出动物同伴的那些光辉品质的内在进步性力量，同时也向我们提供了最确

实的证据：有另一种比我们自身更高级的存在物（higher existences），这些品质也许是来自于它们，而我们也许将永远向着它们前进。①

概括起来，相对于1864年文章中的结论，华莱士厘清了"灵学进化"思路中几个关键性的命题：

第一，自然选择是进化得以实现的唯一的动力机制，但它在作用于人类智慧与道德的起源及进步时需要（并且现实中确也表现为）一种目的因的引导。

第二，引导自然选择产生出人类智慧与道德并使其不断进步的力量来自于另一种高于我们的存在物。

第三，现代科学的进步导致人类物质文明与精神文明的发展失衡，其根本原因在于当前社会体制严重阻碍了自然选择对智慧与道德进步的生产。

在此基础上，一条可称为"社会华莱士主义"的进化伦理学原理呼之欲出，那就是：人们需要彼此创造条件以改造这个社会，使其符合超级智能利用自然选择筛选人类的要求，最终实现宇宙进步式进化的伟大过程。这一点类似于同一时期（一般归到斯宾塞名下）的"社会达尔文主义"，即由生物学原理推论社会学原理进而确定伦理学原理，而达尔文本人并未跨过纯科学的边界做过类似的哲学发挥。《文集》之后，华莱士的作品从思想层次上看大致分为三类：

第一类是博物学，内容多为通过生物地理学等具体的

---

① Wallace, "The Development of Human Races under the Law of Natural Selection", *Contributions to the Theory of Natural Selection. A Series of Essays*, London and New York: Macmillan, 1870, pp. 330–331.

自然研究来阐发进化学说。这部分工作是华莱士的主业，在他的著述中所占的比例最大。

第二类是自然哲学，内容多为以灵学目的论研究为进化学说提供进步主义的辩护。这部分工作是华莱士的精神拓荒之举，相关论述散见于各种著作之中。

第三类是社会评论，内容多为运用进化目的论就各种政策问题提出改革方案。这部分工作是华莱士由理论入现实的志向之所系，也是他晚年写作的重心所在。

华莱士在《文集》自序中宣称，出版该书的首要目的在于展现达尔文对自然选择理论所做的贡献，其次在于表明自己与达尔文在一些重大问题上的不同见解。传记作者乔治对它的评价为："除了最后一章在人类问题上将形而上学与幽灵鬼魂引进了进化论，《自然选择理论文集》的反响很好。"而按照华莱士本人在1910年的专著《生命的世界》中引用的批评言论，"'我们的大脑是神创造的，而我们的肺是自然选择创造的'，这样，事实上的观点就是'人类是神的驯养动物'"，她强调"这被认为是毁掉了一本本来相当精彩的书"。[①] 然而即使是在《生命的世界》中，华莱士也并没有接受这种批评，而是在40年后扩展了他关于超级智能的观点：

> 在当下著作中，我在进一步思考了40年之后重回这一主题，现在我赞成的信条是：不单只是人类，整个生命的世界（World of Life），几乎在它多变的每

---

① George, *Biologist Philosopher: A Study of the Life and Writings of Alfred Russel Wallace*, New York: Abelard – Schuman, 1964, pp. 119 – 120.

一个方面,都引领我们得出相同的结论——对它的现象提供任何合理的解释,我们需要假定更高的智能体(higher intelligences)的连续作用与引导;并且更进一步地,这些也许一直在向着一个独一无二的目标努力着,即智慧、道德,以及灵性存在(spiritual beings)的发展。①

可见在华莱士自己看来,引进"超级智能"概念不仅不是败笔,而恰恰是理论体系的精华所在。《文集》的最后一篇文章《自然选择适用于人类的局限性》("The Limits of Natural Selections as Applied to Man",以下简称《局限》)是新作,也是对1869年"书评"中"结尾几句话的进一步阐发"。《局限》单独成篇,也是华莱士在《人类发展》中没有对《人类起源》做过多修改的原因。在序言中华莱士承认:

> 我在这里冒险接触了通常被认为是越过科学界限的一类问题,但我相信,这些问题有一天会被带进她的领域。②

华莱士在此预告,他将在唯灵论(辅以颅相学)的视野下集中探讨人类的精神现象。《局限》首先提到达尔文在《物种起源》"自然选择能做什么"一章中提出的"相

---

① Wallace, *The World of Life: A Manifestation of Creative Power, Directive Mind and Ultimate Purpose*, London: Chapman and Hall, 1910, p. 316.
② Wallace, "Preface", *Contributions to the Theory of Natural Selection. A Series of Essays*, London and New York: Macmillan, 1870, p. viii.

对完美原则",达尔文曾对此论述道:

> 自然选择只倾向于使每一生物与同领域居住者同样完美,或略微更完美一些,该生物必须以此面对生存斗争。①

在《局限》的第一节"自然选择不能做什么"中,华莱士认为人身上存在一些非适应性的特征,并不符合这条原则。他以颅相学"头越大智能越高"为依据,指出野蛮人的大脑已经超出了相对完美的限度,以至于人类种族的智力实质性地高于其他动物物种。同样的论证也适用于人类的光滑体表以及手(这次也包括脚)的非适应性,而最难以解释的还是人类智慧及道德感的起源。在"总结以自然选择解释人类发展的不充分性"一节,"超级智能"的概念开始频频出现:

> 我从这一类现象中得出这样的推论:一种超级的智能(superior intelligence),引导了人类在确定的方向上,向着特定的目标发展。就像人类引导着许多动植物形态的发展一样。
> ……如果我们不是宇宙中最高级的智能体,某种更高的智能体(higher intelligence)也许运用一种比我们所熟知的更为微妙的手段,指导了人类发展的过程。

---

① Darwin, *On the Origin of Species. A Facsimile of the First Edition. With an Introduction by Ernst Mayr*, Cambridge, Massachusetts and London, England: Harvard University Press, 1964, p. 201.

第四章 "人"进化为"灵"

> ……我必须承认,这一理论的弱点在于引入了某种异类个体智能(distinct individual intelligence)的干预。①

像"书评"一样,华莱士并没有为他理解中的"超级智能"起一个统一的名字,也没有提到它与降神会中的"灵魂"(soul)或者"鬼魂"(ghost)之间的关系,他只是暗示这是一种在本质上比人类更为优越的生命体。但《局限》用最后一节专门考察了"物质的本性",在"书评"基础上进一步探讨了超级智能引导能够成立的哲学依据。他的观点主要有两条:第一,物质本质上都是力(force);第二,力在本质上都是意志的力(will-force)。由此可以想象:

> 整个宇宙不仅依靠,并且实际上就是许多更高级智能或唯一超级智能的意志(the WILL of higher intelligences or of one Supreme Intelligence)。②

在此"意志力"的意义上,超级智能与人类、一般生物及无机物之间就可被理解为存在着一种"均一性"(当然这是一种有等级的均一性),灵界、人类社会、生物界与无机界四个"世界"之间通过"意志力"发生"自然"的相互作用,也就都有可能成为自然科学的研究对象。无

---

① Wallace, "The Limits of Natural Selection as applied to Man", *Contributions to the Theory of Natural Selection. A Series of Essays*, London and New York: Macmillan, 1870, pp. 359–360.

② Ibid., p. 368.

论超级智能是"一"还是"多",只要将"意志力"作为宇宙的"本原",就可将从无机界到生物界再到人类社会的进步式进化看作是一个"意志力"不断纯化,最终在超级智能引导下向其最高形态提升或回归的过程。早期研究者罗格·史密斯(Roger Smith)曾指出,华莱士的自然哲学观点——"目的论进化主义"(teleological evolutionism)——是受到斯宾塞1862年《第一原理》的影响。斯宾塞认为力是万物的基质,并相信在力的相互作用下,宇宙万物都有一种必然进步的倾向,而进化正是对进步过程的具体实现。华莱士接受了斯宾塞关于力的观念,并对它做了进一步的本体论阐释,以此发展出一种不太有说服力的唯灵论的"实在论变种"[①]。事实上,华莱士的"灵学"进化论与斯宾塞的"力学"进化论对进步主义的辩护也是如出一辙。

第四节　进化的目的

在1889年的《达尔文主义》中,华莱士将超级智能引导进化的假说由人类社会推广到整个生物界的历史,尤其讨论了进化过程的阶段性及其最终目的。

《达尔文主义》在达尔文去世后的不利局面中捍卫了达尔文主义,同时也是"华莱士主义"的集大成之作。书中内容涉及华莱士曾与达尔文讨论过的各种问题,如生物性状的适应性起源问题(包括自然选择作用下的直接适应

---

① R. Smith, "Alfred Russel Wallace: Philosophy of Nature and Man", *The Britidh Journal for the History of Science*, Vol. 6, No. 2, Dec. 1972, p. 188.

第四章 "人"进化为"灵"

起源与"相关律"作用下的间接适应起源)、自然选择促进杂交不育的问题、动物颜色及性别差异问题、极地植物问题等,最后两章其中一章介绍了魏斯曼反对获得性遗传的种质理论,另一章再次讨论了人类智慧与道德的起源问题。在序言中华莱士交代道:

> 虽然我主张,甚至是坚持我与达尔文某些观点的不同,我的整部书却旨在尽力展示自然选择在新种形成中相对于所有其他机制的压倒性的重要性。我由此拾起达尔文早先的观点,面对批评与反对,他在他著作的后续版本中是有些退却了。而我将竭力指出,那些批评与反对是站不住脚的。甚至在反对依靠雌性择偶的性选择的章节中,我也坚持自然选择更为强大的效力。这是达尔文主义的卓越信条,我因此认为我的书将提倡一种纯粹的达尔文主义。[①]

这种"纯粹的达尔文主义"的突破性所在,即以魏斯曼的种质遗传学取代向拉马克主义妥协的泛生论遗传学。在这种被(不乏戏谑成分地)称为"新达尔文主义"或"华莱士主义"的新学说中,华莱士除了加入了达尔文未及亲见的新遗传学,还进一步发展了达尔文早有所知的唯灵论假说。作为最后一章的"达尔文主义应用于人类",其实是对他1870年《局限》中观点的直接延续。华莱士在这一章中系统总结了人类与其他动物的相同点与不同

[①] Wallace, *Darwinism: An Exposition of the Theory of Natural Selection with Some of Its Applications*, London and New York: Macmillan, 1889, pp. Vii – Viii.

点，指出根据相似的胚胎发育过程，以及一些共同的疾病，可以看出二者之间存在着明显的亲缘关系，但人除了具有动物属性之外，还拥有独一无二的大脑功能与外形特征。除了以往论述过的智慧与道德能力，华莱士又在人类无法仅凭自然选择而产生的性状列表中添加了数学能力、音乐能力以及艺术能力。为解释这些能力的自然起源，这一次，华莱士明确指出了人与动物本质上的不同之处，在于其具有神圣的灵魂（spirit）：

> 我们一直在讨论的这些特殊的功能清楚地指出，人身上有一些东西并不是来自他的动物祖先——我们最好把它们归为一种本质上或本性上是灵魂的存在（as being of a spiritual essence or nature），因此能够在适宜的环境下进步式地发展。根据这一属灵本性的假说，人类拥有超越动物的本性，我们就能够理解人身上许多本来是神秘或不可思议的方面，尤其是观念、原则与信念对其一生及行为的极大影响。单是如此，我们就能够理解殉教者的不屈不挠、慈善家的无私、爱国者的忠诚、艺术家的热情以及科学工作者对自然奥秘锲而不舍的探索。[①]

接下来，华莱士在传统的"均一论"原则之上增添了一个关键性的假设，由此列举出进化过程中的三个特殊阶段，指出从无机物到一般生物再到人类灵魂之间进化阶梯

[①] Wallace, *Darwinism: An Exposition of the Theory of Natural Selection with Some of Its Applications*, London and New York: Macmillan, 1889, p.474.

的存在，以及人类之上有可能存在着生物进化的最终目标——灵界。这一假设，就是"新原因"对自然均一性的利用或驾驭：

> 无疑，承认人类从野兽进步而来的连续性，就不能容许新原因的引进，我们也没有证据表明新原因的引进造成了自然界的突然变化。牵涉到任何连续性被打破的新原因，或者任何突然的或无理的变化，这样的效应，其谬误是明显的；但我们还是要进一步指出至少在有机界发展的三个阶段上，某种新原因或新力量一定发挥了必要的作用。[①]

"新原因"不引起突变，而只是改变了过去渐变的方向，但也因此提升了新渐变的层次，导致了三个特殊阶段的出现。因为有共同的因素及机制始终贯穿其中，科学可对此做出"均一"的把握：

第一个阶段是从无机界到生物界的飞跃。华莱士认为，仅仅凭借有机化合物复杂度的增加，并不能产生最初的原生质（protoplasm），即使产生了原生质，化学力也无法进一步实现原生质的生长与自我复制，以及在此基础上通过变异与自然选择产生出整个植物王国。因此，化学作用之外也许存在着另一种作用，促使最初的植物细胞具有了利用二氧化碳中的碳不断繁殖、产生变异并复制这种变异，进而实现形态结构多样性的新功能。据猜测，在此过

---

① Wallace, *Darwinism: An Exposition of the Theory of Natural Selection with Some of Its Applications*, London and New York: Macmillan, 1889, p.474.

程中起作用的是一种新的力量——"活力"（vitality）。

第二个阶段是生物感知的出现。感知构成了动物与植物之间的根本性差异，而在普通物理力的作用下，仅仅通过增加原子体系的复杂度，可能并不会使物质，即使是生命物质如植物产生自我感觉或"存在"意识，也无法使最初的意识能力得以积累，再通过自然进化产生出更高级的动物。这其中想必还是有新的作用力参与了进来。

第三个阶段就是具有特殊精神能力的人类的出现。正如《文集》中曾讨论过的那样，人类的起源不符合生物界的一般法则。

站在这三级阶梯之上，人类终于接近了进步式进化的目的地：

> 从无机的物质与运动的世界上升到人类这三个不同的进步阶段，清楚地指向了一个不可见的宇宙——一个灵魂的世界（a world of spirit），这个物质的世界完全是从属于它的。我们可以把各种异常复杂的作用力（forces）归因于这个灵魂的世界，就我们所知的引力、凝聚力、化学力、辐射力以及电力，没有它们，这个物质宇宙一刻也无法保持当下的形态，而也许根本就不可能存在，因为没有这些力，也许还包括其他可称为原子力的，物质本身是否能够存在都是值得怀疑的。同样更为确定的是，我们可以把生命（Life）的那些进步性展示归因于它，植物、动物、人类——我们可以将之分类为无意识生命、有意识生命以及智慧生命，——它们也许分别依赖于不同等级的灵魂注入（spiritual influx）。我已经表明，这并不涉

及对体质或精神进化中连续性法则的必然违背；由此可知，我们在区分无机物与生物，低等植物与低等动物，或者高等动物与最低等种类的人类时可能遇到的任何困难，都完全不会有这方面的问题。确定这一点，只需表明一种实质性的变化（可能出于一种相对于物质宇宙而言更高级别的原因）发生在如我所指出的进步的若干阶段；这是一种在其起源之处完全难以察觉而依然真实的改变，如同当某种新的作用力导致曲线发生细微的更改，物体在曲线上运行时发生的那种变化。①

在1910年的《生命的世界》中，华莱士再次在进化论专著中对"创造性力量、指导意志与终极目的"展开系统的讨论，他的自然哲学观点在此书最后的章节中展露无遗。终其一生，他眼中的宇宙都是一个充满生机而不断进步着的精神性—灵性的世界，其中"存在着无限等级的力量，无限等级的知识与智慧，无限等级的高级存在者对低级存在者的影响"，而一种永恒存在的超级智能始终在其中发挥着关键性的引导作用。并且正如他所强调的那样，这种引导不是对自然界连续性的破坏，而相反是一种本原性的"更高级别的原因"均一性地对统一的自然法则（即自然选择机制）发挥作用。超级智能作为提升意志力—意识存在的中介，不是一个，而是无数个，不是偶发地直接干涉，而是连续地协同运作。在这样的宇宙之

---

① Wallace, *Darwinism: An Exposition of the Theory of Natural Selection with Some of Its Applications*, London and New York: Macmillan, 1889, pp. 474–476.

中，人类不仅地位高贵，而且前途光明，华莱士为此满怀憧憬：

> 这一思索的结果，我冒险地希望，将吸引我的一些读者，作为对我们现在所能够阐述的关于物质与力量，生命与意识，以及人类本身更深刻，更基础的原因的最佳近似；人在其最好的状态上，已经"只略低于天使"，而且像它们一样，注定得享在一个灵性的世界里永远进步的存在（permanent progressive existence in a World of Spirit）。①

这也是华莱士生前最后一部科学专著的最后一个段落。到此为止，华莱士手中的"新达尔文主义"已经描绘出一幅根据达尔文本人的学说很难设想的神奇画面。这是一种前所未有的进化世界观：世界在本质上是"意志"的物质与力的相互作用下持续发展，自然选择为发展提供现实程序，而"超级智能"则扮演程序的执行者与维护者。这样的进化过程已经具备了方向性与目的性，是一种"准封闭式"的定向歧化，而不再像达尔文等"不可知论者"所暗示的那样是一种"开放式"的随机歧化。因为歧化意味着共同祖先的存在，达尔文与海克尔都曾以"进化树"的图景来刻画自然历史上物种进化的谱系及轨迹，而这种树状图景同样适用于华莱士的生物世界。有所区别的是，达尔文的进化树是没有主干的，人类与其他动物之间只有

---

① Wallace, *The World of Life*; *A Manifestation of Creative Power, Directive Mind and Ultimate Purpose*, London: Chapman and Hall, 1910, p. 400.

位置差别，没有等级之分，海克尔的进化树却有一条由人类的进化路线所构成的主干。在华莱士这里，进化树不仅有主干，这条主干还是分"节"的，并且最奇妙的是它的"顶"跟整个"天空"连在了一起——这是一棵像阶梯一样沟通两个世界的"通天树"。在人类之上，生命将有可能由物质世界升级进入到以"灵魂"形态存在的精神或纯粹"意志力"的世界。以图画表示，华莱士版本的"进化树"，也是他心目中的"生命的世界"大致可呈现为如下形态（见图4—1）：

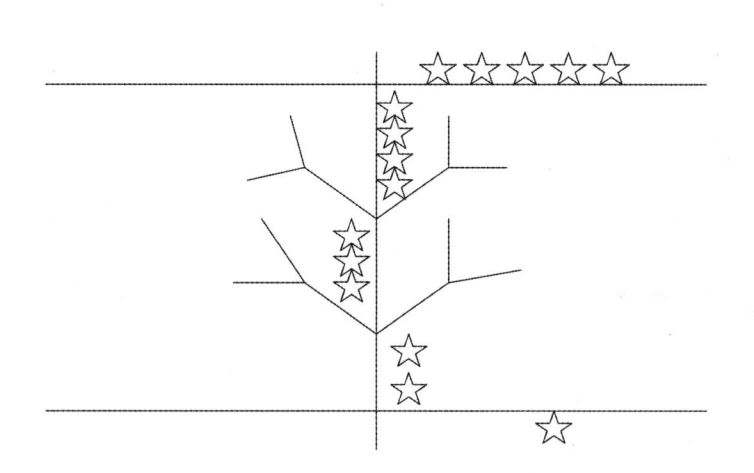

图4—1　华莱士的"通天进化树"或"生命的世界"

如图，一星处表示无机界，二星处表示无意识生物界，三星处表示野生动物界，四星处表示人类社会，五星处表示灵魂世界。二星到四星处是华莱士眼中的自然生物界，在这里，自然选择规律在超级智能的引导下，按照适应主义原则严格地发挥作用。一星处是纯粹物理化学的世界，五星处则是有如天国一样的"灵界"。关于灵魂生存的法则，华莱士所能想到的是"适者进步"，但也许更为重要的是，作为生物学家，他是在运用自然选择学说为后达尔文时代的人们许诺了一个（从前一般由宗教所宣扬的）永生的方向。在这样的世界上，残酷的"适者生存"之中，酝酿着令善良正直的人们聊以慰藉的"适者永存"。

第五章　灵学进化论的社会哲学后果

通过对人类进化问题的唯灵论解释，华莱士将灵学与生物学综合到了一起。然而灵学毕竟是一种神秘色彩浓厚的类宗教亚文化，"综合"的结果之一，是华莱士的生物进化论从此具有了评论社会问题、维护特定道德观念的类似于"神学"的"教化"功能。华莱士充分发挥了自己理论的这一功能，他写出大量"非科学"类作品来专门阐发他对政治、经济、社会等领域现实问题的看法，尤其在土地国有化、优生学、义务接种牛痘等具体问题上形成了独到的观点，并在当时与此相关的社会改革运动中产生了一定的影响。贝里在编辑华莱士文集时，将文章分类为"科学""人类""唯灵论与形而上学""旅行"以及"社会问题"，其中"科学"的篇幅最大，"社会问题"仅次于它。贝里对此评论道："当许多科学同行——最突出的是达尔文——在静静地整理他们的科学著作中安度晚年，华莱士却投身于第二事业，成为一名关注社会的公共知识分子，他的科学声望为他到科学之外的广阔领域探险提供了跳板。"[1]

---

[1] Berry, ed., *Infinite Tropics: An Alfred Russel Wallace Anthology*, London and New York: Verso, 2002, p. 308.

然而同样是由生物学入社会学，进化论在华莱士、斯宾塞、海克尔三人手中导致的社会哲学后果截然不同。如果说斯宾塞走向了无政府主义，海克尔走向了纳粹主义，华莱士则走向了社会主义。

第一节 土地国有化问题

1881年，达尔文帮助华莱士申请到一笔政府年金，一向窘迫的经济生活此后有了基本保障，使他得以潜下心来搞一些一直有兴趣而无暇开展的研究。土地的政治经济学问题便是其中之一。1881年7月12日，在写给华莱士的最后一封信中，达尔文还与他谈到了这一点，他留给华莱士最后的话是：

> 我看到您在准备写作最困难的政治问题，土地。有些事情是应该做的——但如何去把握分寸呢？我希望您不要脱离博物学的阵营；但我也猜想政治学是非常诱人的。
>
> 致予您和您家人所有最好的祝愿，相信我，我亲爱的华莱士，您非常真诚的，查尔斯·达尔文[①]

但华莱士此后还是在"政治学"的方向上放开了脚步，并且乐此不疲。他积极参与当时的土地国有化运动，作为以社会主义者自居的进步主义者，不仅为土地国有化

[①] Marchant, ed., *Alfred Russel Wallace: Letters and Reminiscences*, Volume I, London: Cassell, 1916, p. 319.

政策提供理论基础与思路方案,还亲自担任土地国有化协会(Land Nationalisation Society)的主席长达30年,负责具体的协会事务并组织社会实践。然而这项事业并未脱离他早年的博物学研究,实际上,土地思想是他进化思想的一个推论,其要点在于:通过土地国有化,可创造公平与进步的社会环境,使"真正"的"适者"脱颖而出,最终促进人类更好地生存与发展。

华莱士一生与土地结缘,在成为博物学家之前一直从事土地测量工作,在日后的学术生涯中,生物的地理分布研究也始终是他发展进化论的重要基础。研究者加夫尼(Mason Gaffney)对此评论道:"华莱士的着眼点不在于简单的人与自然,而在于与土地(land)联系在一起的人与自然。"[①] 早在1869年,华莱士就曾在《马来群岛》的结尾表明他对土地改革的看法,指出因为产业革命以来欧洲社会秩序已经建立在不正义的基础之上,所以欧洲人在道德方面的文明程度反而不如某些原始部落中的野蛮人,以至于19世纪英国的物质繁荣也难以掩盖其背后种族精神与道德水平下降的事实:

> 现存非常显著的是,在文明阶段很低的人们中间,我们发现某种接近这一完美社会状态的途径。我与南美及东方部落的野蛮人一起生活过,他们没有法律也没有法庭,但村落的公众意见可以自由地表达。每个人都小心翼翼地尊重他同伴的权利,而任何对这

---

① Gaffney, "Alfred Russel Wallace's Campaign to Nationalize Land: How Darwin's Peer Learned from John Stuart Mill and Became Henry George's Ally", *American Journal of Economics and Sociology*, Vol. 56, No. 4, October 1997, p. 611.

些权利的侵害都很少或从未发生过。在这样的社区里,一切几乎都是平等的。这里没有那些极大的差别,如教育与无知、富有与贫穷、主人与仆人,这些都是我们文明的产物……

相对于我们在自然科学方面惊人的进步及其实际应用,我们的政府、管理公正、国民教育系统,以及我们的整个社会与道德组织,仍然处在一种野蛮(barbarism)的状态之中。而如果我们依旧带着进一步扩展我们的商业与财富的观念,继续把我们的主要精力花在利用我们关于自然规律的知识上,在极度的攫取中,必然相伴而来的邪恶可能会增长至巨大,直到超出了我们控制力的极限。[①]

究其原因,华莱士认为这一切明显是因为社会制度出现了问题。在现有的权力结构下,经济、法律、社会建设各方面都滋生着大量的不公正,即使是"公正",也是"将穷人拒之门外"的公正。华莱士在书中举了两个具体的例子,都与土地有关。第一个例子说的是,因为土地遗产法的程序漏洞,一个人有可能只是一时疏忽,他的土地财产就莫名其妙地落到了另一个陌生人的手中。另一个例子,则直接指向土地私有制使大多数人丧失了生存权利的现实:

大土地所有者可以合法地将他的全部财产转变为森林或者狩猎区,而驱逐一直在此居住的所有人。在

---

① Wallace, *The Malay Archipelago: The Land of the Orang-utan and the Bird of Paradise; A Narrative of Travel With Studies of Man and Nature*, London: Macmillan And Co., Limited, New York: The Macmillan Company, 1902, pp. 456-457.

像英格兰这样人口稠密的国家,每一英亩土地上都有它的主人与居住者,这是一种合法地毁灭我们同类的权力;而这样的权力得以存在,并得到人们的执行,无论程度有多小,就真正的社会科学的视角看来,都说明我们仍然处于一种野蛮的状态之中。①

需要指出的是,华莱士心目中关于文明与野蛮的标准深受斯宾塞观念的影响,两人又都受到颅相学家科姆(George Combe)的影响,三人都相信在一个理想的社会当中,人类将实现"个体的自由与自我管理"这种完美的生存状态,每个人都可获得平等的机会,在智力、道德、体质三方面得到合乎本性的均衡式发展。以此为标准反观现实,科姆的关注点在于社会财富分配的不平等,斯宾塞则具体考虑到现存土地制度对大多数人生存资源的绑架与压榨,华莱士的思路与他一脉相承。②

1853年,南美探险归来的华莱士读到了斯宾塞"社会有机论"的代表作《社会静力学》,其中"土地使用的权力"一章给他留下了深刻的印象。1862年从马来群岛回国,华莱士开始系统研究斯宾塞的土地思想,正式成为了他的信徒。土地政策改革是当时英国社会的热点,一时间各种社团涌现,一些知名学者也参与其中。哲学家密尔

---

① Wallace, *The Malay Archipelago*: *The Land of the Orang – utan and the Bird of Paradise*; *A Narrative of Travel With Studies of Man and Nature*, London: Macmillan And Co., Limited, New York: The Macmillan Company, 1902, p. 458.

② Stack, "Out of 'the Limbo of "Unpractical Politics"': The Origins and Essence of Wallace's Advocacy of Land Nationalization", *Natural Selection and Beyond*: *The Intellectual Legacy of Alfred Russel Wallace*, eds. Charles H. Smith and George Beccaloni, New York: Oxford University Press, 2008, p. 281.

(John Stuart Mill)晚年即转向土地问题，主张在土地税制方面进行改革。1871年到1873年期间，他组织创立了"土地所有权改革联盟"（Land Tenure Reform Association），并邀请华莱士加入，华莱士接受了。1873年密尔去世，联盟走向衰落，加夫尼为此感叹道：倘若密尔在世，"华莱士担任第二小提琴手是没有问题的，就像之前他为达尔文，之后为亨利·乔治（Henry George）所做的那样"①。但华莱士并未止步于此，经过一番摸索，找到了一条更为激进的道路，还另外创立了一个新的协会。这条道路就是"国有化"。华莱士自称直到1880年才找到"如何实现土地国有化"问题的答案，这一年，他发表了论文《如何实现土地国有化：爱尔兰土地问题的根本解决办法》（"How to Nationalize the Land：A Radical Solution of the Irish Land Problem"），开始把观念落实在笔头上。文章针对当时在爱尔兰因为土地问题而引发的一场农民骚乱，批评了爱尔兰土地联盟（The Irish Land League）的土地法案，指出只有通过彻底的体制改革，才能最终解决土地分配不公带来的严重社会问题。

爱尔兰土地联盟提议政府买断地主的土地，以35年为期，令佃农赎买该土地的所有权而改造为自耕农。华莱士质疑这一方案，认为虽然农民可通过这种方式拥有土地，但土地的私有属性并未废除，土地所有权可能只不过由一小部分人转到了数量多一些的"少数人"手中，以往的问题还会继续出现。在他看来，实现标本兼治的办法只

---

① Gaffney, "Alfred Russel Wallace's Campaign to Nationalize Land：How Darwin's Peer Learned from John Stuart Mill and Became Henry George's Ally", *American Journal of Economics and Sociology*, Vol. 56, No. 4, October 1997, p. 613.

第五章　灵学进化论的社会哲学后果

有一个：彻底改革土地所有制度——将土地私有转变为土地国有。① 文章促成了 1881 年土地国有化协会的创立，华莱士当选为第一任主席，正式投身于土地国有化运动。1882 年，华莱士出版专著《土地国有化》，系统阐释他在 1880 年文章中的理论构想。该书的发行考虑到了实际宣传的需要，华莱士在全书序言中声明：

> 到无地阶级那里去——教导他们什么是他们的权利以及如何得到这些权利——是这部著作的目标；而它也因此有必要在论述上立现清晰有力，篇幅适当，并以低廉的价格呈现。②

正文中，《土地国有化》对土地所有制的历史与现状，尤其是英国与欧洲各国的情况做了纵向与横向的对比，接着比较了国有制与私有制的利弊，指出解决土地问题的根本出路在于实现土地国有化。在国有化的过程中，为了平稳地将土地所有权由个人过渡到国家手中，政策上既应保障当前土地所有者的合法权益，又要防止出现假借国家名义的掠夺以及权力的滥用。华莱士为此想到的具体步骤包括：

第一，修改继承法。原土地所有者离世，其土地由国家收回，血缘亲属将不再继承土地所有权。

第二，渐进地推进这项法令，改制之后，土地所有权

---

① Wallace, "How to Nationalize the Land: A Radical Solution of the Irish Land Problem", *Contemporary Review*, November 1880, p. 716.

② Wallace, *Land Nationalisation; Its Necessity and Its Aims; Being a Comparison of the System of Landlord and Tenant With That of Occupying Ownership in Their Influence on the Well-being of the People*, London: Swan Sonnenschein, 1882, p. viii.

还可在所有者后代中保留三代。

华莱士估计，按照这样的程序，土地国有化有望在慢则一个世纪，快则 5 到 10 年之内成为现实。当国家收回了土地的所有权，土地就成为公共财产，从此土地的使用者就只拥有使用权与管理权。华莱士还特别区分了土地的内在价值与附加价值：内在价值包括土地在土壤特质、所在地气候、地理位置以及当地人口密度等方面的有用性，即土地在人类使用之前作为自然环境的先天价值；附加价值包括劳动者使用土地创造出来的一切新价值。这样，在对某块土地进行估价时，就要考虑到内在价值与附加价值这两个方面。以此为依据，土地所有者只需向国家交纳土地内在价值方面的租金，其所实现的土地附加价值可尽归本人所有。土地使用者或承租人还可以购买或出让土地的使用权，他的下一代也可以继承这种使用权。因为土地已经成为国家公有的不动产，这时无论由谁来使用土地，都不可能再通过兼并等手段而成为新的地主。[1]

尽管国有化的手段带有社会主义色彩，但华莱士的思路其实更倾向于个人主义而非集体主义。在他的构想之中，当每一个人都从国家手中租得一块土地，他既可以在这块土地上做农民，也可以做工人或者园丁。人，尤其是个人，与自然之间的关系就重回一种和谐安宁的最初状态。最重要的是，华莱士相信，只有在这种状态下，人为因素后天导致的邪恶的"负筛选"机制才能够被真正地消

---

[1] Stack, "Out of 'the Limbo of "Unpractical Politics"'：The Origins and Essence of Wallace's Advocacy of Land Nationalization", *Natural Selection and Beyond: The Intellectual Legacy of Alfred Russel Wallace*, eds. Charles H. Smith and George Beccaloni, New York: Oxford University Press, 2008, pp. 284–285.

除掉，超级智能所引导的人类进化也才有可能最充分地进行下去，即真正的"适者"得以真正地"生存"并"发展"下去。华莱士在土地问题上的观点与理论或许有不尽完善之处，但值得指出的是，他涉足于此的初衷原本并不在于"经济"，而在于"正义"，他的首要目标仍然是践行"适者生存"的进化论理念。当然，因为他在进化论中加入了唯灵论的成分，"适者"与"生存"的含义于此都具有了特定的含义。

亨利·乔治于1879年出版的《进步与贫困》（*Progress and Poverty*）对华莱士土地理论的形成影响很大，另外他的政治经济学也是孙中山三民主义之"民生"的思想来源之一。乔治宣扬将土地收归公有并征收单一地价税，以此实现土地权力及建基其上的社会财富的公平分配。华莱士与乔治可谓志同道合，二人同样出身于社会中下层，同样是自学成才，同样对社会不正义有着感同身受的敏锐洞察与深刻关切，而乔治也对进化论感兴趣。在土地问题，尤其是对土地关乎人类生存与社会发展之根本这一认识上，二人一拍即合。19世纪80年代，乔治曾在世界各地做巡回演讲，当他访问英国之时，华莱士领导的土地国有化协会热心地为他搭建平台，两人还一起为各自的最新专著宣传造势。1897年乔治去世，华莱士继续为他的单一税制理论摇旗呐喊。一直到1913年离世，华莱士都是英国土地改革界的一位重要人物。[①]

[①] Fichman, *An Elusive Victorian: the Evolution of Alfred Russel Wallace*, Chicago and London: The University of Chicago Press, 2004, pp. 220–221.

第二节　女性主义优生学

1869年，高尔顿出版《遗传的天才》(*Hereditary Genius: An Inquiry Into Its Laws and Consequences*)，提出发展优生学的构想，并于1883年正式使用了eugenics一词。优生学提倡有计划地控制人类生育，以此人为提高新生后代的身心素质，进而实现人类种族的改良，其理论基础是当时还不甚成熟的遗传学。在孟德尔革命之前的年代里，高尔顿绕过遗传现象背后的生理机制问题，直接以数理统计学的方法把握其中的宏观规律，由此创立了生物统计学派。他的追随者将此学派发展成为在"达尔文日食"中捍卫自然选择学说的主力。高尔顿发现子代有一种融合亲代性状并向着一定的平均值"回归"的遗传倾向，他从中概括出一条"祖先遗传律"(law of ancestral heredity)，认为每一次繁殖，子女都将继承父母各自一半，亦即祖父母各自四分之一的性状特征。以此类推，若非采取特殊的控制措施，某一项优良性状将可能在世代传递中自然地渐渐"退化"消失，归于平常。在现代遗传学看来，有性生殖中当然并没有这种"父母相加除以二"的简单效应，但高尔顿却在这种遗传观念的基础上把握到了优生学的大方向。高尔顿指出，医疗卫生与慈善事业的进步增加了有缺陷人类个体的生存及生育机会，而这有可能阻碍了优胜劣汰的自然法则，为劣等性状"拖累"优等性状创造了条件，也使"优良"种族原本回归平庸的趋势雪上加霜。所以，为了种族的未来，人们有必要制定政策来约束生育行为，在社会中重建"适者生存"的积极机制。而且需要注意的是，除了体质性状之外，人类的智力与道德素质也是由遗传所决定的，因此"优生"的标准也需兼顾各个方面。

华莱士基本上认同高尔顿的遗传观念与优生学思路。他学说的一个重要结论，就是生命在进化过程中依次于体质、智力、道德三个方面实现"适者生存"。尤其是智力与道德的方面，原本是他不惜引入唯灵论为自然选择辩护的着力点所在。在当下的社会环境中，既然自然选择机制已经出现"局限"，人类当然应该自觉通过额外的努力来克服弊端，解决问题——也就是向着超级智能指引的方向前进。华莱士特别赞同高尔顿对教会的批评，高尔顿认为教会鼓励品质优秀者禁欲独身，有时又迫害最具有勇气与智慧的自由思想者，仅从优生学的角度来讲，也是对国人智能、道德水平低下的状况难辞其咎。但高尔顿反对环境决定论，强调天赋的重要性，这一点与华莱士的观点相左。在华莱士看来，不正义的社会环境对于天赋异禀人士的摧残是实质性的——正如当前的贵族制度，少数人凭借血缘关系继承收入与特权，就是一种以"身份"压制"能力"的不良环境因素，也是欧洲人种族发展及社会进步的巨大障碍。[①]

华莱士拥护的是欧文主义的信条：人是社会环境塑造的产物，个人能力的发展要以机会的平等为前提。而进化论却有可能导致优生学的遗传决定论，以能力作为机会的前提。这一张力是华莱士不能不面对的，他决定调和二者，强调应全面看待自然因素与社会因素在人种进步中所

---

① Paul, "Wallace, Women, and Eugenics", *Natural Selection and Beyond: The Intellectual Legacy of Alfred Russel Wallace*, eds. Charles H. Smith and George Beccaloni, New York: Oxford University Press, 2008, p. 267.

起的作用。由此,他又从优生学的角度进入对社会改革的理论探讨。

华莱士相信魏斯曼的遗传学说已经否定了拉马克主义的获得性遗传理论,因此他没有选择斯宾塞需以此为基础的"社会达尔文主义"路线。但在一定意义上,他只是以"超级智能选择"替代了其中的用进废退机制以保证短期进步的必然性,其余方面大体相同,例如对政府及强制管理方式的不信任。在自认为"我对社会科学及人类进步事业做出的最重要贡献"的《人类选择》("Human Selection",1890)一文中,华莱士明确指出当下社会在本质上是邪恶而腐败的,大多数人生活在堕落的环境中,政府管理者为了自身利益扭曲是非优劣的标准,各种社会改良方案带着特定阶级的偏见,根本无从依赖,而"只有扫清当前社会组织'奥吉亚斯王马厩'(Augean stables)一样的肮脏状况,重建一个建基于正义与机会平等的社会,社会、科学与政界的领袖才有资格判断社会成员的适或不适"①。问题在于:一方面,人的天赋有优劣之分且受遗传规律制约,可通过优生学手段来优胜劣汰;另一方面,"适者"面临着社会机会不平等的压迫,抵消了优生学的效果,而现存的以政府强制管理为特征的体制无力也无心主持公道。那么,有什么办法可以既保证"优生",又为优生者创造理想的成长环境呢?

结果,华莱士在一本畅销的乌托邦小说中找到了答案,那就是社会主义,但却是一种混合了女性主义的特殊

---

① Slotten, *The Heretic in Darwin's Court*: *The Life of Alfred Russel Wallace*, New York: Columbia University Press, 2004, p.437.

的社会主义。这本书是贝拉美（Edward Bellamy）的《回顾》（*Looking Backward*），读过此书，华莱士宣称自己已经是一名社会主义者：

> 但最终，在1889年，我的观点一劳永逸地改变了，之后我完全相信，社会主义不仅是确实可行的，而且是值得文明生命拥有的唯一的社会形式，只有它才能使人类以满足所有的理性需要、渴望与志向为目标，通过充分运用全部的能力，来确保心智与道德持续不断地进步，以及真正的幸福。①

《回顾》中描绘了一个财富分配更为合理的理想社会，在那里，女性不会嫁给最有钱的人，而是嫁给最勇敢、最善良、最慷慨以及最有天才的人，这些人所具有的优良素质也通过后代在社会中迅速地增加。从这部小说中，华莱士发现了一套完美的优生学方案：以女性的性选择主导人类"适者生存"、种族改良与社会进步的方向。华莱士原本质疑动物界存在以审美为基础的性选择，认为这是人类才有的高级精神能力。这一次，他对人类女性的性选择机制在社会进步中的作用寄予了厚望。

在贝拉美的启示下，华莱士相信通过社会改革，使政策与社会舆论能够保障及促进婚姻自由，女性性选择的自然机制就会充分运转起来。通过女性的"正确"择偶，自然实现了男性之间的优胜劣汰，从此优良的素质传给后

---

① Berry, ed.. *Infinite Tropics: An Alfred Russel Wallace Anthology*, London and New York: Verso, 2002, pp. 315–316.

代，天赋不足者则没有后代，种族的改良水到渠成。华莱士认为，这种由女性掌握的优生学机制要比强制淘汰"不适者"的社会工程温和得多，也合理得多。在1912年的一次接受采访中，他谈到对以科学名义隔离弱者的高压政策的反感：

> 隔离不适应者，确实！这仅仅是建立医学暴政的借口。而这种暴政我们有的已经足够多了。甚至现在，精神病法正在赋予医务界危险的权力。此时此刻，精神病收容所中还关着一些神智完全清醒的人，只因为他们相信唯灵论。这个世界不需要优生学家来纠正它。提供人们良好的条件，改善他们的环境，一切就会向着最高形态发展。优生学只是自负的科学祭司爱管闲事的干涉而已。……没有真正的坏人；没有人完全不需要改造。在这一点上，我们的监狱制度是完全错了。我们对待我们的囚徒就好像他们全然是坏的。没有人全然是坏的，只有好的程度不同而已。当我们理解了这些，我们就能放弃荒谬的惩罚犯罪的观念，而代之以改造罪犯。[①]

高尔顿的优生学也强调"增加有利"甚于"消除不利"，但他并不反对以政府直接干涉的形式隔离弱者或限制其生育。在华莱士看来，每个人都有平等发展自我的权利，尤其是在当前的社会体制下，政府本质上没有判定

[①] Rockell, "The Last of the Great Victorians: Special Interview with Dr. Alfred Russel Wallace", *The Millgate Monthly*, August 1912, p. 663.

第五章　灵学进化论的社会哲学后果

"强"与"弱"的客观中立性,也没有资格决定什么是"利",什么是"不利",更不能轻易将个人打入另册。而高尔顿的激进方案,不过是贵族集团死守非法特权的借口,即使有合理性,也会因为没有触及问题的根本——社会体制,而不会收到显著的成效。

1890年,高尔顿提出一种鼓励精英阶层早婚早育的方案:剑桥大学每一位在身体及智力方面被公认为出众的女学生,凡在26岁之前结婚者,都可获得50镑的奖金,此后每生一个孩子再次奖励25镑。华莱士对此评论道:

> F. 高尔顿爵士自己的提议局限在根据某种形式的调查或测验,确定身心及道德方面的高素质人群,再对这些人之间的通婚给予奖励或捐赠。这样做也许不会有什么坏处,但肯定也不会有多大好处。它的作用范围会极其有限,而就其可能诱导有人为了金钱报酬而结婚这一点来看,它在本质上还会是完全不道德的,也不大可能促成看得见的种族进步。[①]

对于鼓励精英早婚这一点,华莱士也持有异议。高尔顿认为,马尔萨斯提倡的晚婚晚育,一般只有明智或慎重的人才会遵守,判断力或自制力较差的人往往更容易早婚早育,结果前者家族小,后代少;后者家族大,后代多,不利于优生优育,应采取措施扭转局面。华莱士则认为,一个家族的兴旺不在于后代出生数量的多少,而在于后代

---

① Wallace, *Social Environment and Moral Progress*, New York: Cassell and Company, 1913, pp. 141–142.

成年成才数量的多少，智者与贤者虽然晚婚晚育，但他们后代的质量一般要超过早婚者，因此无须与之强求一致。借鉴贝拉美的思路，华莱士指出，问题的关键不在于生育早晚，而在于社会正义与婚姻自由。而要实现这一点，社会必须给予女性以独立的发展机会与充分的自主权。"解放"后的女性将担负起改良人类种族的使命，在择偶过程中把握自然界真善美的尺度，于无形之中实现优生学家们求之不得的美好前景。在1893年一次以"女人与自然选择"为主题的访谈中，华莱士畅想了这个美好的前景：

> 是的；未来的希望在于女性。当发生了这样的社会变革，没有女性再为饥饿、孤立无援或社会压力所迫，将自己出卖给色情业或不如意的婚姻；当所有女性都同样地受到真正的人道教育、优美而高尚的环境的良好影响，并且当一种富有教养的公共观念出现——尤其要注意这个，……我们必须有一种富有教养的公共观念，它将建立在对这个时代与国家的最高志向之上；而其结果将是一种促进超越种族平均状态的持续进步的人类选择（human selection）形式。我相信，这一进步将通过婚姻事宜中女性的选择机制来实现。①

华莱士的思路并不复杂，无非是设想将淘汰"不适者"的权力由盲目的自然界、罪恶的社会制度或者虚伪的

---

① Anon, "Woman and Natural Selection. Interview with Dr. Alfred Russel Wallace", *Daily Chronicle*, 4 December, 1893, p.3.

优生学家转交给温和善良的人类女性，以此实现人类社会"自然"而高效的进步。由此，女性在他的理论中获得了接近超级智能的崇高地位，负有引导人类进化先进方向的神圣职责：

> 在变革后的社会里，凶恶的男人、低级趣味或弱智的男人将很少有机会找到老婆，他们的坏品质也就自生自灭了。另一方面，拥有最完美最漂亮的身心，品行与名誉没有污点的男人将最先获得妻子，其中差一些的就晚一些，而最差的就最晚。作为自然的结果，最好的男女将最早结婚，并可能有最大的家庭，结果就是好人比坏人更快地增长，这样的事态持续作用几代下去，最终将使普通人提升到比现在更先进的种族水平。[①]

同时华莱士清醒地指出，理想的"女性选择"必须以女性个体的充分自由为前提，而这一前提需要适当的社会改革予以支持。这种支持体现在经济、社会与文化各个方面，使女性在现实生活中能够有条件高标准严要求地做出发自内心的选择：

> 我希望我澄清的是，女性在结或不结婚上首先一定是自由的，在这最重要的生命关系中才能有真正的自然选择。许多女性现在不结婚是出于必要而非意

---

① Anon, "Woman and Natural Selection. Interview with Dr. Alfred Russel Wallace", *Daily Chronicle*, 4 December, 1893, p. 3.

愿，又总是有相当数量的人对婚姻没有特别的考虑，她们找一个丈夫只是为了获得一份生存保障或一个家。如果所有女性在金钱上独立，并且全都拥有称心如意的公共职责或智力享受，我相信大部分人会选择不结婚。在一个再生的社会里，任何女人嫁给一个她不是既爱又尊敬的男人，将会被看成是一种堕落；结果是，许多女性将全然不再谈婚论嫁，或者推迟它，直至遇到一位般配又情投意合的丈夫。[①]

在这种女性主义优生学——以性选择原理为基础的"社会达尔文主义"方案背后，依稀可见 1858 年《倾向》中强调变种的淘汰过程胜过其形成过程的影子。每一种不称职做丈夫的男人，就相当于一个不适应环境的变种，将通过女性掌管的自然选择机制趋于灭绝。这里问题的关键在于女性作为自然选择掌管者的合法性何在。关于这一点，华莱士恐怕最终也只能擎出他的唯灵论"法宝"，为"智慧"尤其是"道德"在进化过程中的自我维护与锁定目标"预支"科学依据。在他心目中，女性应当是属于自然选择的"二级代理"：既然促进道德进步的自然选择过程在根本上需要超级智能的引导，那么天性上更适于做"灵媒"的女性，也许比男人距离"灵界"更近，就更能够胜任在社会事务中"主持公道"的角色。华莱士并未过多论及女性自身的优越性特征，但他强调女性选择优生机制的优势与自然选择的真谛相合：

---

① Anon, "Woman and Natural Selection. Interview with Dr. Alfred Russel Wallace", *Daily Chronicle*, 4 December, 1893, p. 3.

> 这种通过渐渐淘汰最差者的进步方法是最直接的方法，因为去掉最低等的人性比提高一点最高等人性要重要得多。我们需要的是弱的与坏的变少，甚于需要强的与好的变多。动物与植物世界获得进步与发展所采用的方法就是通过剔除。适者生存实际上就是不适者灭绝。[1]

在最后完成的专著《社会环境与道德进步》（*Social Environment and Moral Progress*, 1913）中，华莱士依旧谈到以女性择偶为主导的婚姻制度对于种族进步的重大意义，并再次强调它对自然选择"天道"的体现：

> 现在，这种淘汰不理想者的进步模式，相对于保障受仰慕者的早婚具有许多优势；因为我们最需要的是通过排除较低种类，而非使先进种类提升一点点来提高种族的平均水平。……适者生存实际上就是不适者灭绝；而它也是人性闪耀的希望之光所在，正如我们在改革我们当下残酷而灾难性的社会系统中前进，我们将在婚姻制度中释放一种选择的力量，这将稳定而确实地改善我们种族的体力与美观，以及品质。[2]

第三节 反对牛痘接种

牛痘接种（bovine vaccination）是19世纪的重大医学

---

[1] Anon, "Woman and Natural Selection. Interview with Dr. Alfred Russel Wallace", *Daily Chronicle*, 4 December, 1893, p. 3.

[2] Wallace, *Social Environment and Moral Progress*, New York: Cassell and Company, 1913, pp. 152–153.

突破之一。1796年，英国医生詹纳（Edward Jenner）发现牛痘（即牛身上的天花病毒）感染可以使人类对天花病毒免疫，随后成功进行了人体的牛痘接种实验，使人类从天花的噩梦中摆脱出来并最终消灭了这种病毒。詹纳在今天被誉为现代免疫学之父，但牛痘接种技术最初在欧洲的普及却遭遇阻力。华莱士就是其中一名坚定的反对者，他反对接种技术本身，更反对以立法的形式强制推广这项技术。

英国政府于1853年通过了强制接种牛痘的法案，很快婴儿接种牛痘成为一项公民卫生义务。1867年，不履行接种义务的家长开始受到处罚。进入70年代，一场全球性的天花大流行席卷欧洲，英国的政策更加强硬，1872年开始强制执行接种。[①] 预防接种的效果很好，但强制政策引起了激烈的反弹。罚金数额巨大，下层人民往往因此倾家荡产，或其家庭的主要劳动力被投入监狱，而上层人士往往有办法逃脱法律的约束，这使得反对的声音渐渐增大。19世纪晚期，抵制强制接种牛痘演变为一场社会运动，一直持续到19世纪末。反接种运动的成果为维多利亚工人阶级的大众文化所吸收，使他们认识到自己的身体有可能沦为暴政的工具。大众争取身体控制自由的努力又与改善工人阶级营养状况、生活习惯以及道德水平的社会诉求结合起来，成为一场综合性的进步主义社会改革运动。反接种者往往同时又是参与普选者、动物保护主义者

---

① Fichman and Keelan, "Resister's logic: the anti-vaccination arguments of Alfred Russel Wallace and their role in the debates over compulsory vaccination in England, 1870 – 1907", *Studies in History and Philosophy of Biological and Biomedical Sciences*, Vol. 38, 2007, pp. 591 – 598.

或者素食主义者。19世纪80年代,华莱士卷入到关于义务接种牛痘法的是非善恶的争论之中。

1883年,华莱士写信给伯尔尼的国际反接种代表大会(Anti-vaccination Congress),公开谴责英格兰的义务接种牛痘法。此后又发表了一系列文章及小册子质疑接种牛痘的积极效果,将他的学说影响力推进到公共医疗卫生领域。华莱士的加盟鼓舞了反接种者队伍的士气,也为其在医疗及政策上的反对观点提供了理论基础。按照费奇曼的理解,华莱士致力于在一种神学进化论的框架内部为自然选择寻找目的论根据,所以像人类进化、灵学、土地改革、社会主义、公共医疗这些看似彼此无关的领域都能够在他的思想体系之中有机地结合起来。

华莱士的反对理由之一也是整体论,他认为像接种牛痘这样以单一的简单方法对付一种复杂的疾病是不可能有效果的。在包括华莱士在内的反接种者看来,控制疾病的关键原本在于卫生与检疫方面的预防措施,在于对个人身体素质及一般健康状况的提高,尤其在于对营养、保健及环境状况的改善,而不能寄希望于冒险的治疗——为原本健康的人接种小剂量病毒以形成免疫。华莱士在这方面的主要著作是1898年的一本小册子《接种的错觉;其刑罚强制的罪恶》(*Vaccination a Delusion; Its Penal Enforcement a Crime: Proved by the Official Evidence in the Reports of the Royal Commission*,以下简称《错觉》),同年被整合到《奇妙的世纪》之中。在《错觉》中,华莱士提出他反对牛痘接种的两个要点:

第一,由于治疗方式的特殊性,关于牛痘是否有效的证据无法由传统的专业医师来提供,牛痘接种有可能成为新派医师们明知无效而故意宣传的牟利工具：

在继续举出决定性的证据说明当今接种术的失败所在之前，须先澄清一些初步的误解。其中之一，在于接种是一种抵御特殊疾病的外科手术，只有医学家才能评判它的价值。但因为一些原因，事实恰恰相反。首先，他们是利益相关的群体，不仅出于金钱上的考虑，而且影响着整个职业的声望。在其他领域，我们都不会允许利益相关人决定重大事件。铁船是否比木船安全，不是由铁厂厂长或造船业主来决定，而是由船员的经验以及事故率的统计来决定的。在药物管理或任何其他的疾病治疗中，情况是不同的。医生实施治疗并观察结果，如果实践够多，他将获得无人可及的知识与经验。但对于接种术而言，尤其是对于公共接种员而言，医生只能是偶然地看到结果。那些得天花的人走进医院，或者被其他医师治疗，或者也许离开了这一地区；而接种与天花袭击之间的关联，只能通过对所有病例与死亡率，以及是接种还是再接种的事实的精确登记来发现。当这些事实都被精确地登记，决定它们意味着什么的就不是医生而是统计学家的事了，而有好多证据表明医生是糟糕的统计学家，有着错报数据的特殊本领。[1]

第二，在证明牛痘接种有效性的统计资料中，大多数

---

[1] Wallace, *The Wonderful Century. Its Successes and Its Failures*, New York: Dodd, Mead and Company Publishers, 1898, pp. 222–223.

数据是有错误的或经过伪造的。如莱特索姆医生（Dr. Lettsom）的案例：

> 在他1802年当着议院委员会的面给出的证据中，大不列颠及爱尔兰在接种术出现之前的天花死亡率是每年36000人；通过将伦敦的年死亡率定为3000，再乘以12，因为人口据估计也就是12倍那么大。他先是得到了一个过高的数目，然后又假设城镇、村庄与乡下人口中的死亡率与拥挤的、肮脏的伦敦相同！[①]

在华莱士看来，离开对现实环境，尤其是人与环境之间复杂关系的具体考察，仅凭一些统计数据（有些还是捏造的）来决定推行这种特殊的治疗术，是很轻率而且危险的。同样在1898年，华莱士写信给《泰晤士报》解释他加入反接种者行列的理由，坚持抵制接种法规及政策的立场。他强调，尽管从既有的数据显示来看，牛痘接种术引进之后天花的死亡率确实下降了，但"接种"与"治愈"之间的因果关系还是值得怀疑的，主要依据有四：

第一，根据历史记载，天花似乎原本并不可怕，人们对待它的态度也与现代不同。在波斯医生雷扎斯（Rhazes）的年代（9世纪到10世纪），天花只是一种小疾病，生天花甚至还被看作是一种成年的仪式。经典作家也很少提到它。天花作为一种恶性流行病，只是在16世纪中期以来才越来越多地出现在西欧的文献之中。

[①] Wallace, *The Wonderful Century. Its Successes and Its Failures*, New York: Dodd, Mead and Company Publishers, 1898, p. 225.

第二，根据伦敦教区的统计资料显示，天花致死率的变动似乎与接种术的使用与否无必然关系。在牛痘术发明之前，天花致死率在18世纪中期达到最高，在此后的四分之一个世纪里突然下降，变化幅度之大超过了牛痘术发明之后。而且在接种牛痘之前，曾有人发明接种人体天花病毒的人痘术，结果是制造而不是遏制了更多的天花症状，在1843年被禁止使用。尽管此后巴斯德（Louis Pasteur）的微生物研究证明了人痘术在原理上的合理性，但人们仍对接种的负面作用心有余悸。此时社会上大多数人最信赖的，还是提高公共卫生条件的基本思路以及传统的隔离方法。

第三，牛痘术发明后天花致死率确实有所下降，但这一趋势被19世纪70年代的天花大暴发所打断。天花在新治疗术面前卷土重来，疫情反而更加严重，说明接种牛痘的效果只是一种"错觉"。

第四，1889年到1896年英国成立了专门的皇家委员会，负责调查接种牛痘的效果，在此期间强制性的法令暂时得到放松，而天花病例却再次减少，以至于几乎彻底消失。[①]

在反对强制牛痘接种的问题上，除了对疗效的质疑与对社会公平的考虑以外，华莱士还有另外一个深层的理论依据，那就是作为现代唯灵论思想来源之一的斯威登堡的唯灵论神学。在斯威登堡的理论中，真正的健康是身体与

---

① Fichman and Keelan, "Resister's logic: the anti-vaccination arguments of Alfred Russel Wallace and their role in the debates over compulsory vaccination in England, 1870 - 1907", *Studies in History and Philosophy of Biological and Biomedical Sciences*, Vol. 38, 2007, p. 596.

精神——灵魂的协调,伤害身体也会伤害到灵魂。而接种术的做法恰恰是先使人体感染一部分病毒,在不至致病的前提下以此形成对此种病毒的更高级的防御机制,这种治疗思路在斯威登堡主义者看来当然是匪夷所思甚至是蹩脚的。1880年2月,"伦敦废除义务接种协会"(London Society for the Abolition of Compulsory Vaccination)成立,协会在反对接种术及接种法令的问题上积极促进中产阶级与工人阶级的联合,其创立者当中就不乏斯威登堡主义者。华莱士本人最早是从小欧文1861年的著作《另一个世界边界的脚步》(*Footfalls on the Boundaries of Another World*)中,接触到斯威登堡的神秘主义思想。小欧文阐发了斯威登堡主义的科学、哲学及神学理论,并将它与现代唯灵论、政治改革主义尤其是欧文的乌托邦社会主义思想综合到一起。[①] 在小欧文一系列著作的影响下,华莱士接受了斯威登堡主义强调身心合一的准神学观念。与同时代的美国实用主义哲学鼻祖皮尔士(Charles Sanders Peirce)与詹姆士(William James)一样,华莱士也将这种观念融入自己对自然哲学的思考之中。斯威登堡认为,通过解剖与实验,可以发现有一种电流在动物体内的纤维之间通过,而这正是"灵魂"的物理学体现。他称之为"灵魂流"(spirituous fluid),并相信神学与生物学可由此概念统一起来。华莱士晚年的"生命世界"观念,很明显是对斯威登堡灵魂观念在进化论意义上的一种发挥。这一观念也直接

[①] Fichman, "Alfred Russel Wallace and Anti-Vaccinationism in the Late Victorian Cultural Context, 1870–1907", *Natural Selection and Beyond: The Intellectual Legacy of Alfred Russel Wallace*, eds. Charles H. Smith and George Beccaloni, New York: Oxford University Press, 2008, p. 314.

影响到他对接种治疗术的看法。按照华莱士的思路,天花原本是环境污染引起的传染性疾病,其症状与环境因素之间存在着复杂的关联,远非牛痘接种这样的小手术可以干涉,接种的效果很可能只是一种巧合。由于天花在人群中广泛传播,卫生条件较差的穷人阶层,以及免疫力较差的未成年人、老人或其他病人最有可能首先感染到它,因此真正治本的科学方法应该是改善这些人的生存状况。这就需要我们创造一个更为理想、道德水平更高的社会环境,在整体上为这些弱势群体的健康发展提供条件。另一方面,即使强制接种疫苗真的有效,这也只能算作是一种治标的手段,况且在政策的执行过程中还可能因利益相关方的道德败坏而滋生诸多的社会不公正,造成更大的问题。[①]就这样,医学问题似乎在华莱士的手中渐渐变成了道德问题,又变成了"适者进步"的进化论问题。在这一"身体问题"上,我们必须先为灵魂负责,而不能不顾灵魂地拿身体去冒险。至于在道德环境建成之后灵魂将以何种机制更好地抵御天花或其他疾病的侵袭,华莱士没有多说,但如果我们了解他的一贯思路,他可能给出的答案也不难想象。

事实上在华莱士去世的前 6 年,他已经亲眼看到了反接种运动的成果:强制接种的法令被取消了。然而随后的医学进展却证明,至少以自然科学的标准来看,真理无疑是站在了詹纳这一边,科学史也给予了他公正的评价。免

---

① Fichman, "Alfred Russel Wallace and Anti‒Vaccinationism in the Late Victorian Cultural Context, 1870‒1907", *Natural Selection and Beyond: The Intellectual Legacy of Alfred Russel Wallace*, eds. Charles H. Smith and George Beccaloni, New York: Oxford University Press, 2008, pp. 314‒315.

疫医学在20世纪突飞猛进，取得了空前的胜利，以至于当今的接种工作者或许早已忘记了前辈们经历过的挫折。华莱士与其他社会精英一道以科学的名义抵制它的往事，自然也已成过眼云烟。但至少以维多利亚时代的眼光来看，公平地说，在这场科学与文化纠缠在一起的社会运动中，华莱士对自己进化思想的把握与运用，还是相当成功的。

结　语

　　对于今天的科学史读者而言，华莱士也许可称得上是一位"熟悉的陌生人"。到此为止，本书已在原始文本与前沿资料的基础上，尽力还原出这位作为"最佳男配角"的科学家—思想家的完整形象及思想全貌。可以得出的结论包括：

　　——华莱士确实独立发现了自然选择原理，发现过程与达尔文有相似之处，其中最为关键的因素当数博物学考察的实践探索以及赖尔均一论地质学的理论引导。

　　——华莱士原创的进化理论与达尔文同一时期的成果相比有所不足，但他在吸收达尔文的成果之后仍为发展自然选择学说做出了独立的贡献。

　　——华莱士与达尔文的分歧来自于前者本人思想体系的内在张力，而这也是维多利亚时代主流意识形态的张力所在：科学自然主义与进步主义的调和问题，在科学文化主导的新框架内，与在宗教文化主导下的传统框架内相比，增加了复杂性。

　　——华莱士的进步主义理想来自于欧文的乌托邦社会主义，科学自然主义原则来自于达尔文主义进化论。为调和二者，他将希望寄托在当时风靡一时的现代唯灵论之上。

——唯灵论与进化论相结合的突破口，在于人类的进化问题，尤其是高级精神能力——最主要的是道德能力如何"自然进步"的问题。

——由于传统道德理想似乎得不到自然选择机制的天然保障，必须引入超越性的守护者——超级智能，为进步式进化把握方向。

——唯灵论自然哲学将世界理解成本质上是"意志的力"，为超级智能引导物质进化轨迹提供了形而上学基础。其证据在于进化史上的几次飞跃，人类还将迎来终极的飞跃，保持一种永恒进步的灵性状态。由此，在自然选择机制主导的世界上，善有善报成为可能，"好人"甚至可以获得永生。

——这种灵学进化论因为引入了超验的神学因素，具备了以进步主义理念指导社会哲学的理论功能。华莱士在诸多经济、政治、社会议题上仗义执言，既是对灵学进化论的具体运用，也是对他形成完整学说体系的必然要求。

陌生的形象，陌生的思想背后，是陌生的历史。我们也许自认为熟悉的是达尔文，达尔文在1859年凭借《物种起源》掀起了科学战胜宗教的"达尔文革命"，可历史却告诉我们，19世纪并不是"达尔文的世纪"。仅从华莱士这位达尔文的"双子星"的身上，我们也可以一窥当时欧洲思想界的波谲云诡。达尔文主义是早熟的，也许像大多数革命性思想一样，都要经历从弱小到强大的成长考验。遗传机制问题一直是它的软肋，在孟德尔找到解开细胞内生命之谜的钥匙之前，这一点成为信仰进步的传统理想主义者拒绝接受它的最大借口。如果不能洞悉细胞内的生命世界，"用进废退"的拉马克主义将成为当时人们取代"适者生存"的达尔文主义的首选。事实上的历史也正是如此。于是我们看到，自然选择原理的共同发现者、捍卫自然选择学说的"达尔文的骑士"、生物地理学的奠基人、吸收种质遗传学的"新达尔文主义"创始人——华莱士，尽管坚定地与新拉马克主义划清界限，却不失忠诚地接受了现代唯灵论，成为通灵术的信徒，科学界的异端，在更大程度上再次模糊了科学与神学的界限……

本书并无意面面俱到地为华莱士作传，而将论证的着力点放在了进化论与唯灵论相结合的理论细节这一关键问题上。文中所涉及的主题与著作，也确实并非他思想工作的全部。华莱士以90岁高龄离世，终生笔耕不辍，留下的篇章数以千计。仅在专著方面，以史密斯网站信息为准，除了前文中运用或涉及的，还有如下多部未提到：

《热带自然文集》（*Tropical Nature, and Other Essays*, 1878），1891年与《自然选择理论文集》合并为《自然选择与热带自然》（*Natural Selection and Tropical Nature; Essays on Descriptive and Theoretical Biology*）；

《岛屿》（*Islands, as Illustrating the Laws of the Geographical Distribution of Animals*, 1879），一次讲座的结集成册；

《澳大拉西亚》（*Australasia*, 1879），编著，并对收录内容有所扩充；

《岛屿生命》（*Island Life*, 1880），《动物的地理分布》的姊妹篇，现代生物地理学的奠基之作；

《如何使土地国有化惠及居民、劳工与技工》（*How Land Nationalisation will Benefit Householders, Labourers, and Mechanics*, 1882 或 1883），土地国有化协会出版发行的小册子；

《如何做土地国有化实验》（*How to Experiment in Land Nationalisation*, 1883 或 1884），土地国有化协会出版发行的小册子；

《致国会议员及其他人》（*To Members of Parliament and Others. Forty-five Years of Registration Statistics, Proving Vaccination to be Both Useless and Dangerous*, 1885），反接种运动小册子，以统计数据说明接种术的无济于事及"危害"；

《坏时代》（*Bad Times：An Essay on the Present Depression of Trade, Tracing It to Its Sources in Enormous Foreign Loans, Excessive War Expenditure, the Increase of Speculation and of Millionaires, and the Depopulation of the Rural Districts；With Suggested Remedies*, 1885），华莱士最冷门作品之一，以毕生所学为时代与社会"把脉"；

《国家佃户与自耕农》（*State-Tenants Versus Freeholders*, 1885 或 1886），小册子，1892 年收入新版《土地国有化》，成为一则附录；

《关于地主补偿的笔记》（*Note on Compensation to Landlords*, 1886），土地国有化协会出版发行的小册子；

《美洲土地课》（*Land Lessons from America*, 1887），北美之行的观察报告，土地国有化协会公开会议记录成册；

《科学与社会研究》（*Studies Scientific and Social*, 1900），两卷本文集；

《人在宇宙中的位置》（*Man's Place in the Universe,*

1903），探讨地外生命问题的宇宙学著作，开现代人择原理研究及天体生物学研究之先河；

《接种作用下天花有增无减的证据摘要》（*A Summary of the Proofs That Vaccination Does Not Prevent Small-pox but Really Increases It*，1904），国家反接种联盟（National Anti-Vaccination League）出版发行的小册子；

《反对死刑理由的评论》（*A Statement of the Reasons for Opposing the Death Penalty*，1906），废除极刑协会（Society for the Abolition of Capital Punishment）印发的小册子；

《火星能居住吗？》（*Is Mars Habitable? A Critical Examination of Professor Lowell's Book "Mars and Its Canals," With an Alternative Explanation*，1907），另一部地外生物学开山之作；

《一位植物学家的亚马逊及安第斯笔记》（*Notes of a Botanist on the Amazon and Andes*，1908），华莱士对植物学家斯普鲁斯（Richard Spruce）的遗稿加工，此人曾于1849年尾随华莱士与贝茨到达南美考察，在亚马逊流域与安第斯山脉之间探险达15年之久；

《民主的反抗》（*The Revolt of Democracy*，1913），华莱士生前出版的最后一部专著（但写作于《社会环境与道德进步》之前），为工人运动及劳动问题的出谋划策之作；

《埃德加·爱伦·坡》（*Edgar Allan Poe; A Series of Seventeen Letters Concerning Poe's Scientific Erudition in Eureka and His Authorship of Leonainie*，不晚于1830），华莱士遗作，为他与作家马里奥特（Ernest Marriott）讨论一则关于爱伦坡诗作的乌龙事件的通信集，私人印制的小册子，编者与成书时间不详，纽约公共图书馆（New York Public

Library）有藏，标有 1830 字样。

另外，在博物馆学与环境保护方面，华莱士也有未形成专著但颇富建设性的著述及思想问世，后者还可能对美国早期环保运动领袖缪尔（John Muir）产生过积极的影响。

如此广博的心灵，浩瀚的思想，辛勤的一生，无论以今日之眼光看来其中有多少陈旧、不足甚或怪异，都足以令人心生景仰之情。而这还仅仅是知名度不是最大，影响力不是最强，时常被人遗忘的华莱士先生！这颗守在一等亮星达尔文身边的小小伴星，尚且有着如此复杂的内涵，维多利亚文化史的天空中藏着多少奥秘，也就可想而知了。华莱士离世第二年，一战爆发，欧洲的黄金时代在战火中消逝了，科学文明的主火炬插向大洋的彼岸。华莱士连同他的灵学进化论，如同他的精神偶像、曾经的一等亮星——斯宾塞连同他的"综合哲学体系"，以及其他一个个曾经闪亮的名字连同各自的思想光芒，一道消隐——当然，他们并未消失——在天色变换的夜空之中。而当后人们再次仰望苍穹，发现当时的几颗一等亮星依然闪耀，其中之一便是查尔斯·达尔文。曾经的景象既已不再，曾经的历程也变得陌生，难以理解，无人问津，于是我们把他看作是从来如此的英雄，尽管"英雄"于他确实是当之无愧。也许，我们难免会低估了那个没有数码信息网络，也没有电子科技的时代，以及那时人们思想的深度与广度。

同样容易低估的，还有进化论本身。很明显，这是一个多面体，华莱士的故事已经告诉我们：除了科学进化论，还有神学进化论，还有半科学半神学的灵学进化论。三者之间的区别，似乎可以从距离社会哲学的远近看出：

神学进化论服务于宗教信念，自是以探索神意，教化万民为己任，形成对传统社会秩序的精神强化；科学进化论志在经验知识的积累，以"不可知论"为保险闸，轻易不将"自然"的线路径直接进"社会"；灵学进化论，博采百家，自成一派，因其理想主义之热切，遂预支"超科学"的信用额度，也于沉潜之余，为人类之前途、人群之正道、人间之不平振臂一呼。

科学之于哲学，似乎恰如神学之于道德。进化论中的科学成色越高，进化论者越像是哲学家；进化论中的神学杂质越多，进化论者越像是道德家。华莱士于此可为经典一例。

纯粹的科学进化论基座之上，究竟可修筑怎样的社会道德大厦？斯宾塞的努力似乎被忘却了，威尔逊（Edward O. Wilson）的努力仍在继续。

也许可以有一个比较慎重的方案：在建成不确定是最稳固的之前，可以先拆除一些确定是不稳固的，或至少以警示牌标识出来，或供参考改进的研究之用。也就是说，可以有一种"比较进化论"的研究方法。通过"不是什么"而接近"是什么"，也符合波普（Sir Karl Raimund Poppe）的科学进步的逻辑。

还有最后一个问题：达尔文革命胜利之后，人类究竟配得上一种怎样的理想生活？

华莱士生活在"革命尚未成功"的胶着时期，他还可以预支未来的突破，来维护旧日的梦想。

在他离去的这一百年里，进化生物学的革命成功了，人们看清了生命变化的奥秘，而他需要用来偿付本息的那个突破，还没有出现。

结　语

　　从细胞到染色体再到基因，变异的机制渐渐明朗；从个体选择到性选择再到亲选择，道德的根基渐渐浮现。自然选择的逻辑越来越顺畅，加之分子层次的生命机制渐渐清晰，生物学家的信心越来越强；但凭借各种实验与仪器，心理学家还是没能发现超级智能存在的确切证据，工程师更无法像使用电能一样使用"念动力"（psychokinesis）。宣称通灵之人，除去或成功或失败的魔术表演者，似乎又总是对"真相"秘而不宣，或者形成秘传的小圈子，像一个文化黑洞，难知其详。

　　然而生活还是要继续下去的。哥白尼革命之后的人们接受了大地绕日运行的事实，达尔文革命之后人们要接受的，除了人猿同祖甚至万物同祖，还有环境对生命的终极摆布。维多利亚人接受了前者，而对后者尚心存侥幸。如果生命之外存在"超生命"（神）的呵护，该有多好！即使没有这个福气，那么，如果生命是环境的底线，生命对环境一呼百应，环境对生命栽培有加，生物个体永远有机会按环境的要求自我塑造，知错能改，努力进取，也是不错的——这就是拉马克主义。即使没有这种幸运，那么，如果生命体自身有一种天然的发展趋势，自主驱动，不受环境因素的主导，无论结局是好是坏，总还是有一份尊严保留下来——这是直生论与突变论的想法。在一个纯粹由盲目"自然"通过淘汰机制"选择"幸存者的世界上，不必说特定物种的必然进步如同梦想，所有物种不致全然灭绝已经如同奇迹，那么人类将如何打起精神，重铸信念，像曾经在宗教文化的摇篮中那样安定而幸福地生活呢？在达尔文本人的时代，真正的达尔文主义者（坚持自然选择论而不向自然神学、拉马克主义、直生论、突变论妥协的进化论者）当中，不可知论者大体上回避了这一问题，另类如华莱士者则遁入新科学带来新福音的幻想之中。然而，两次大战期间，达尔文主义以吸收突变论的方式绝境逢生，形成完善的综合进化论，达尔文革命胜局初定。今天的我们，是否已经找到或能够找到一条正确的出路？

从20世纪的实用主义哲学、社会生物学、进化伦理学等路线进展来看，答案似乎是肯定的。也许人类终究要渐渐成熟，离开神学目的论及其变种的摇篮，适应一种眼观六路、耳听八方的成人生活，诚实地面对世界，面对他人，也面对自己，勇敢担负起自己的存在命运。如此镇定自若地探索、合作、感悟，学习与生存合一，积累起更精深的知识与更丰富的经验来化解矛盾，解决问题，也许就不失为后达尔文时代的一种现实的理想生活。

何况，大自然进化的脚步也许不曾停歇，尤其是随着信息技术的进步，建立在基因—细胞—多细胞生物—智能生命基础之上的人类社会，无须超级智能的引导，也许还将在某种意义上实现进化的再次升级，例如人工智能生命，例如星际生存……也许还需要时间，但希望毕竟存在。

参考文献

中文部分

《马克思恩格斯选集》第 4 卷，中共中央马克思恩格斯列宁斯大林著作编译局编译，人民出版社 1995 年版。

［英］阿尔弗莱德·拉塞尔·华莱士：《马来群岛自然科学考察记》，彭珍、袁伟亮等译，中国人民大学出版社 2004 年版。

［英］阿尔弗勒德·拉塞尔·华莱士：《华莱士著作选》，上海外国自然科学哲学著作编译组编译，上海人民出版社 1975 年版。

方舟子：《达尔文—华莱士之让》，《教师博览》2008 年第 07 期。

［英］华丽士：《十九周新学史》，上海基督教与常识传播学会版，上海华美书局摆印，山西大学堂译书院印，1904 年。

［英］华丽士：《生命世界》，上海广学会及基督教文学会版，上海商务印书馆代印，1913 年。

潘涛：《灵学：一种精致的伪科学》，博士学位论文，北京大学，1998 年。

［英］洼勒斯：《生物之世界》，"尚志学会丛书"，上

海商务印书馆 1924 年版。

王道还:《天择理论》,《科学月刊》1985 年第 4 期。

王道还:《达尔文的月亮》,《飞碟探索》2006 年第 12 期。

王道还:《华莱士与达尔文》,《科学发展》2009 年第 12 期。

张增一:《赫胥黎与威尔伯福斯之争》,《自然辩证法通讯》2002 年第 4 期。

张之沧:《试论华莱士在形成生物进化论中的地位》,《自然杂志》1986 年第 9 期。

英文部分

Anonymous, "Woman and Natural Selection. Interview with Dr. Alfred Russel Wallace", *Daily Chronicle*, 4 December, 1893.

Bates, Henry Walter, "Contributions to an Insect Fauna of the Amazon Valley: Lepidoptera: Heliconidae", *Transactions of the Linnean Society of London*, Vol. 23, 1862.

Bates, Henry Walter, *The Naturalist on the River Amazons*, 2 vols, London: John Murray, 1863.

Beccaloni, George, "Wallace's Annotated Copy of the Darwin-Wallace Paper on Natural Selection", *Natural Selection and Beyond: The Intellectual Legacy of Alfred Russel Wallace*, eds. Charles H. Smith and George Beccaloni, New York: Oxford University Press, 2008.

Beddall, Barbara G., "Wallace, Darwin, and the Theory of Natural Selection: A Study in the Development of Ideas and Attitudes", *Journal of the History of Biology*, Vol. 1, No. 2, Autumn 1968.

Benton, Ted, "Wallace's Dilemmas: The Laws of Nature and the Human Spirit", *Natural Selection and Beyond: The Intellectual Legacy of Alfred Russel Wallace*, eds. Charles H. Smith and George Beccaloni, New York: Oxford University Press, 2008.

Berry, Andrew, ed., *Infinite Tropics: An Alfred Russel Wallace Anthology*, London and New York: Verso, 2002.

Berry, Andrew, "'Ardent Beetle – Hunters': Natural History, Collecting, and the Theory of Evolution", *Natural Selection and Beyond: The Intellectual Legacy of Alfred Russel Wallace*, eds. Charles H. Smith and George Beccaloni, New York: Oxford University Press, 2008.

Bowler, Peter J., "Alfred Russel Wallace's Concepts of Variation", *Journal of the History of Medicine and Allied Sciences*, Vol. 31, No. 1, Jan. 1976.

Bowler, Peter J., *The Eclipse of Darwinism: Anti – Darwinian Evolution Theories in the Decades around 1900*, Baltimore & London: The Johns Hopkins University Press, 1983.

Bowler, Peter J., "Wallace and Darwinism", *Science*, Vol. 224, No. 4646, Apr. 1984.

Bowler, Peter J., *The Non – Darwinian Revolution: Reinterpreting a Historical Myth*, Baltimore and London: The Johns Hopkins University Press, 1988.

Bowler, Peter J., *The Mendelian Revolution: The Emergence of Hereditarian Concepts in Modern Science and Society*,

London: The Athlone Press, 1989.

Bowler, Peter J., "Foreword", *Natural Selection and Beyond: The Intellectual Legacy of Alfred Russel Wallace*, eds. Charles H. Smith and George Beccaloni, New York: Oxford University Press, 2008.

Bowler, Peter J., "Do we need a non-Darwinian industry?", *Notes & Records of the Royal Society*, Vol. 63, April 2009.

Brooks, John Langdon, *Just before the Origin: Alfred Russel Wallace's Theory of Evolution*, New York: Columbia University Press, 1984.

Campbell, R. J., "The Optimist in Science and in Life", *Evening Standard and St. James's Gazette*, April 1916.

Caro, Tim, Geoffrey Hill, Leena Lindström, and Michael Speed, "The Colours of Animals: From Wallace to the Present Day II. Conspicuous Coloration", *Natural Selection and Beyond: The Intellectual Legacy of Alfred Russel Wallace*, eds. Charles H. Smith and George Beccaloni, New York: Oxford University Press, 2008.

Claeys, Gregory, "Wallace and Owenism", *Natural Selection and Beyond: The Intellectual Legacy of Alfred Russel Wallace*, eds. Charles H. Smith and George Beccaloni, New York: Oxford University Press, 2008.

Clark, David. P., *Molecular Biology*, Amsterdam, Boston, Heidelberg, London, New York, Oxford, Paris, San Diego, San Francisco, Singapore, Sydney, &Tokyo: Elsevier Academic Press, 2005.

Cronin, Helena, *The Ant and the Peacock: Altruism and Sexual Selection from Darwin to Today*, Cambridge, UK: Cambridge University Press, 1991.

Darwin, Charles, *On the Origin of Species. A Facsimile of the First Edition. With an Introduction by Ernst Mayr*, Cambridge, Massachusetts and London, England: Harvard University Press, 1964.

Darwin, Charles, *The Descent of Man and Selection in Relation to Sex*, London: John Murray, 1906.

Darwin, Francis, ed., *Life and Letters of Charles Darwin, Including an Autobiographical Chapter*. Volume II, London: John Murray, 1887.

Darwin, Francis, ed., *Life and Letters of Charles Darwin, Including an Autobiographical Chapter*. Volume III, London: John Murray, 1887.

Fagan, Melinda Bonnie, "Theory and Practice in the field: Wallace's Work in Natural History (1844 – 1858)", *Natural Selection and Beyond: The Intellectual Legacy of Alfred Russel Wallace*, eds. Charles H. Smith and George Beccaloni, New York: Oxford University Press, 2008.

Fichman, Martin, *An Elusive Victorian: the Evolution of Alfred Russel Wallace*, Chicago and London: The University of Chicago Press, 2004.

Fichman, Martin, "Alfred Russel Wallace and Anti – Vaccinationism in the Late Victorian Cultural Context, 1870 – 1907", *Natural Selection and Beyond: The Intellectual Legacy of Alfred Russel Wallace*, eds. Charles H. Smith and George

Beccaloni, New York: Oxford University Press, 2008.

Fichman, Martin, and Jennifer E. Keelan, "Resister's logic: the anti-vaccination arguments of Alfred Russel Wallace and their role in the debates over compulsory vaccination in England, 1870 – 1907", *Studies in History and Philosophy of Biological and Biomedical Sciences*, Vol. 38, 2007.

Gaffney, Mason, "Alfred Russel Wallace's Campaign to Nationalize Land: How Darwin's Peer Learned from John Stuart Mill and Became Henry George's Ally", *American Journal of Economics and Sociology*, Vol. 56, No. 4, October 1997.

George, Wilma, *Biologist Philosopher: A Study of the Life and Writings of Alfred Russel Wallace*, New York: Abelard-Schuman, 1964.

Gould, Stephen Jay, *The Panda's Thumb: More Reflections in Natural History*, New York and London: W. W. Norton & Company, 1980.

Henderson, Gerald M., *Alfred Russel Wallace: His Role and Influence in Nineteenth Century Evolutionary Thought*, Ph. D. Dissertation, Philadelphia: University of Pennsylvania, 1958.

Huxley, Julian, *Evolution: The Modern Synthesis*, New York and London: Harper & Brothers Publishers, 1943.

Johnson, Norman A., "Direct Selection for Reproductive Isolation: The Wallace Effect and Reinforcement", *Natural Selection and Beyond: The Intellectual Legacy of Alfred Russel Wallace*, eds. Charles H. Smith and George Beccaloni, New York: Oxford University Press, 2008.

Kohn, David, "On the Origin of the Principle of Diversity", *Science*, Vol. 213, No. 4512, Sep. 1981.

Kohn, David, "Darwin's Principle of Divergence as Internal Dialogue", *The Darwinian Heritage*, ed. David Kohn, Princeton NJ: Princeton University Press, 1985.

Kottler, Malcolm Jay, "Alfred Russel Wallace, the Origin of Man, and Spiritualism", *Isis*, Vol. 65, No. 2, Jun. 1974.

Kottler, Malcolm Jay, "Darwin, Wallace, and the Origin of Sexual Dimorphism", *Proceedings of the American Philosophical Society*, Vol. 124, No. 3, 1980.

Kottler, Malcolm Jay, "Charles Darwin and Alfred Russel Wallace: Two Decades of Debate over Natural Selection", *The Darwinian Heritage*, ed. David Kohn, Princeton NJ: Princeton University Press, 1985.

Mallet, James, "Wallace and the Species Concept of the Early Darwinians", *Natural Selection and Beyond: The Intellectual Legacy of Alfred Russel Wallace*, eds. Charles H. Smith and George Beccaloni, New York: Oxford University Press, 2008.

Marchant, James, ed., *Alfred Russel Wallace: Letters and Reminiscences*, Volume I, London: Cassell, 1916.

Mayr, Ernst, *The Growth of Biological Thought: Diversity, Evolution, and Inheritance*, Boston: Harverd University Press, 1982.

McKinney, H. Lewis, "Alfred Russel Wallace and the Discovery of Natural Selection", *Journal of the Hisrory of Medicine and Allied Sciences*, Vol. 21, No. 4, Oct. 1966.

McKinney, H. Lewis, "Wallace's Earliest Observations on Evolution: 28 December 1845", *Isis*, Vol. 60, No. 3, Autumn 1969.

McKinney, H. Lewis, *Wallace and Natural Selection*, New Haven and London: Yale University Press, 1972.

Moore, James, "Wallace's Malthusian Moment: The Common Context Revisited", *Victorian Science in Context*, ed. Bernard Lightman, Chicago & London: University of Chicago Press, 1997.

Moore, James, "Wallace in Wonderland", *Natural Selection and Beyond: The Intellectual Legacy of Alfred Russel Wallace*, eds. Charles H. Smith and George Beccaloni, New York: Oxford University Press, 2008.

Morris, Revd. F. O., "Discussion of Rev. F. O. Morris's 'On the Difficulties of Darwinism'", *The Athenæum*, September 1868.

Nelson, Gareth, "Untitled Review of *Just Before the Origin: Alfred Russel Wallace's Theory of Evolution*", *Systematic Zoology*, Vol. 33, No. 2, Jun. 1984.

Nicholson, A. J., "The Role of Population Dynamics in Natural Selection", *Evolution after Darwin*, Volume I, ed. Sol Tax, Chicago: University of Chicago Press, 1960.

O'Boyle, Cherie Goodenow, *History of Psychology: A Cultural Perspective*, New Jersey: Lawrence Erlbaum Associates, 2006.

Oppenheim, *The Other World: Spiritualism and Psychical Research in England*, 1850 – 1914, London, New York,

New Rochelle, Sydney and Melbourne: Cambridge University Press, 1985.

Paul, Diane B., "Wallace, Women, and Eugenics", *Natural Selection and Beyond: The Intellectual Legacy of Alfred Russel Wallace*, eds. Charles H. Smith and George Beccaloni, New York: Oxford University Press, 2008.

Reiss, John, "Comment", http://www.wku.edu/~smithch/wallace/S043.htm, 2000.

Rockell, Frederick, "The Last of the Great Victorians: Special Interview with Dr. Alfred Russel Wallace", *The Millgate Monthly*, August 1912.

Ruse, Michael, *The Darwinian Revolution*, Chicago and London: The University of Chicago Press, 1979.

Ruse, Michael, *Monad to Man: The Concept of Progress in Evolutionary Biology*, Cambridge, MA: Harvard University Press, 1996.

Ruse, Michael, "Alfred Russel Wallace, the Discovery of Natural Selection, and the Origins of Humankind", *Rebels, Mavericks, and Heretics in Biology*, eds. Oren Harman and Michael R. Dietrich, New Haven & London: Yale University Press, 2008.

Schwartz, Joel S., "Darwin, Wallace, and the 'Descent of Man'", *Journal of the History of Biology*, Vol. 17, No. 2, Summer 1984.

Secord, James A., *Victorian Sensation: The Extraordinary Publication, Reception, and Secret Authorship of "Vestiges of the Natural History of Creation"*, Chicago: the University of Chicago Press, 2000.

Shermer, Michael, *In Darwin's Shadow: The Life and Science of Alfred Russel Wallace: A Biographical Study on the Psychology of History*, New York: Oxford University Press, 2002.

Slotten, Ross A., *The Heretic in Darwin's Court: The Life of Alfred Russel Wallace*, New York: Columbia University Press, 2004.

Smith, Charles H., *Alfred Russel Wallace: Evolution of An Evolutionist*, http://www.wku.edu./~smithch/wallace/chsarwp.htm, 2003-2006.

Smith, Charles H., "Wallace's Unfinished Business", *Natural Selection and Beyond: The Intellectual Legacy of Alfred Russel Wallace*, eds. Charles H. Smith and George Beccaloni, New York: Oxford University Press, 2008.

Smith, Charles H., "Wallace, Spiritualism, and Beyond: 'Change', or 'No Change'", *Natural Selection and Beyond: The Intellectual Legacy of Alfred Russel Wallace*, eds. Charles H. Smith and George Beccaloni, New York: Oxford University Press, 2008.

Smith, Roger, "Alfred Russel Wallace: Philosophy of Nature and Man", *The Britidh Journal for the History of Science*, Vol. 6, No. 2, Dec. 1972.

Spencer, Herbert, *The Principles of Biology*, Volume I, New York: Chapman & Hall, 1896.

Stack, David A., "Out of 'the Limbo of "Unpractical Politics"': The Origins and Essence of Wallace's Advocacy of Land Nationalization", *Natural Selection and Beyond: The In-*

tellectual Legacy of Alfred Russel Wallace, eds. Charles H. Smith and George Beccaloni, New York: Oxford University Press, 2008.

Wallace, Alfred Russel, "On the Monkeys of the Amazon", *Proceedings of the Zoological Society of London*, 1852.

Wallace, Alfred Russel, "On the Habits of the Butterflies of the Amazon Valley", *Transactions of the Entomological Society of London*, 1853.

Wallace, Alfred Russel, "On the Law Which Has Regulated the Introduction of New Species", *Annals and Magazine of Natural History*, Vol. 16, 2nd Series, September, 1855.

Wallace, Alfred Russel, "On the Habits of the Orang-Utan of Borneo", *Annals and Magazine of Natural History*, July 1856.

Wallace, Alfred Russel, "On the Tendency of Varieties to Depart Indefinitely From the Original Type", *Linnean Society's Proceedings Series*, Vol. 3, 1858.

Wallace, Alfred Russel, "The Origin of Human Races and the Antiquity of Man Deduced From the Theory of 'Natural Selection'", *Journal of the Anthropological Society of London*, Vol. 2, 1864.

Wallace, Alfred Russel, "On the Phenomena of Variation and Geographical Distribution as Illustrated by the Malayan Papilionidœ", *The Reader*, April, 1864.

Wallace, Alfred Russel, "Sir Charles Lyell on Geological Climates and the Origin of Species", *Quarterly Review*, April 1869.

Wallace, Alfred Russel, "Preface", *Contributions to the Theory of Natural Selection. A Series of Essays*, London and New York: Macmillan, 1870.

Wallace, Alfred Russel, "The Development of Human Races under the Law of Natural Selection", *Contributions to the Theory of Natural Selection. A Series of Essays*, London and New York: Macmillan, 1870.

Wallace, Alfred Russel, "The Limits of Natural Selection as applied to Man", *Contributions to the Theory of Natural Selection. A Series of Essays*, London and New York: Macmillan, 1870.

Wallace, Alfred Russel, *Miracles and Modern Spiritualism*, London: George Redway, 1875.

Wallace, Alfred Russel, "How to Nationalize the Land: A Radical Solution of the Irish Land Problem", *Contemporary Review*, November 1880.

Wallace, Alfred Russel, *Land Nationalisation; Its Necessity and Its Aims; Being a Comparison of the System of Landlord and Tenant With That of Occupying Ownership in Their Influence on the Well-being of the People*, London: Swan Sonnenschein, 1882.

Wallace, Alfred Russel, *Darwinism: An Exposition of the Theory of Natural Selection with Some of Its Applications*, London and New York: Macmillan, 1889.

Wallace, Alfred Russel, *The Wonderful Century. Its Successes and Its Failures*, New York: Dodd, Mead and Company Publishers, 1898.

Wallace, Alfred Russel, *The Malay Archipelago: The Land of the Orang-utan and the Bird of Paradise; A Narrative of Travel With Studies of Man and Nature*, London: Macmillan And Co., Limited, New York: The Macmillan Company, 1902.

Wallace, Alfred Russel, *My Life: A Record of Events and Opinions*, Volume I, London: Chapman & Hall, 1905.

Wallace, Alfred Russel, *My Life: A Record of Events and Opinions*, Volume II, New York: Dodd, Mead, 1905.

Wallace, Alfred Russel, *The World of Life; A Manifestation of Creative Power, Directive Mind and Ultimate Purpose*, London: Chapman and Hall, 1910.

Wallace, Alfred Russel, *Social Environment and Moral Progress*, New York: Cassell and Company, 1913.

Williams-Ellis, Amabel, *Darwin's Moon, A Biography of Alfred Russel Wallace*, London and Glasgow: Blackie & Son, 1966.

后　记

科学革命是标志人类思想成熟的伟大时刻，它的发起者可能只是少数或者独一无二的智识精英，伴随而来的却往往是整个社会的精神启蒙与文明升级。近代以来，最为著名的两场科学革命非哥白尼革命与达尔文革命莫属，科学的近代史也正是以前者为其开端。哥白尼革命使人类认识到自己身在何处，达尔文革命则使人类认识到自己来自何方，于"空间"与"时间"两大生存维度上告别天真，也许无论以何人命名之，都注定是人类在文化意义上长大成人的必经之路。

　　十年前，我曾完成一篇以《哥白尼革命研究》为题的硕士学位论文，初次体会到历史研究对于澄清知识点与思想脉络，以及使人知之为知之的好处。此后在选题上有过多种尝试，其间颇有避重就轻的嫌疑，最终还是回到了科学革命这条线。起初的兴趣点在于浪漫主义的自然观念及其对于科学发展的影响，结果发现"环境"——作为与"人"或"生命"直接相关的"自然"——观念的发展才是哥白尼革命之后新旧心灵"交接"世界的秘密所在。一度也曾由浪漫主义闯入超验主义的天地，由塞尔彭（Selborne）追踪到瓦尔登（Walden），在爱默生（Ralph Waldo Emerson）的幻境中朝圣，感受到了"自然"，但找不到了"科学"。在回来的路上，就遇见了华莱士先生。达尔文革命如同一座真正的迷宫展现在眼前，当我完成题为《华莱士"灵学进化论"研究》的博士学位论文，似乎依然踯躅其中。在一段意外却也宝贵的"师资"博士后经历中，我面朝大海，春暖花开，在出站报告中探索"进化论"通达"环境哲学"的逻辑地图。这一次，我得到了一幅完整的思想拼图：现实—自然—环境—生命—进化。其中，现实对应于"哲学"，自然对应于"科学"，环境、生命与进化分别对应于"地质学"、"生物学"与"进化论"，以及它们在科学上的现实进展。

是的，当"运动"的问题渐渐清晰，"变化"的问题就浮出水面。最初被把握到的，是生命以外的环境变化，然后，就轮到生命本身，而此时生命与环境已经密不可分了。

这本小书，就是在这次领悟之后，由当年的博士论文脱胎而来。修改时是下了真功夫，增删资料，疏通条理，润色字句，与原作对照便知，日月可鉴。回顾这十年来走过的路，感到自己还是非常幸运的，不仅得到名师指点，师门扶持，在主攻方向上也是选对了题目，遇对了"人"。华莱士本人的价值如正文所述，于科学（两种自然选择学说），于文化（科学与宗教），于历史（达尔文革命与"非达尔文革命"），都是张力满满的学术富矿。另一位幕后英雄，则是"华莱士主页"的创始人史密斯先生。这是一座别具匠心的学术数据库，收录资料之精、之广、之全，设计之精致，分类之细致，更新之及时，令人叹为观止。校对书稿之际，赫然发现自己的一篇文章也出现在该网站中的"现代二手文献"（"Writings on Wallace: Selected Modern Secondary Literature"）列表之上。

另外，本书的完成，还得到由我主持的 2015 年度国家社会科学基金青年项目——"达尔文革命中的'非达尔文'进化思想研究"（15CZX013）的经费支持，为中期成果之一。感谢吴老师的教导与师姐师兄的帮助，感谢北方工业大学提供了舒适的教学科研平台，感谢张加才院长的栽培之恩，也感谢岁月让我懂得了脚踏实地的意义。

刘　利

2017 年 1 月于北方工业大学